国家出版基金项目
NATIONAL PUBLICATION FOUNDATION

中国大宗淡水鱼
种质资源保护与利用丛书

总主编
桂建芳　戈贤平

鲕种质资源

保护与利用

主编·董在杰　赵永锋

上海科学技术出版社

图书在版编目（ＣＩＰ）数据

鳙种质资源保护与利用 / 董在杰，赵永锋主编. --
上海 ： 上海科学技术出版社，2023.12
　（中国大宗淡水鱼种质资源保护与利用丛书 / 桂建
芳，戈贤平总主编）
　ISBN 978-7-5478-6298-8

　Ⅰ. ①鳙… Ⅱ. ①董… ②赵… Ⅲ. ①鳙－种质资源
－研究－中国 Ⅳ. ①S965.114

中国国家版本馆CIP数据核字(2023)第158725号

鳙种质资源保护与利用

董在杰　赵永锋　主编

上海世纪出版（集团）有限公司
上 海 科 学 技 术 出 版 社 出版、发行
（上海市闵行区号景路 159 弄 A 座 9F－10F）
邮政编码 201101　　www.sstp.cn
上海雅昌艺术印刷有限公司印刷
开本 787×1092　1/16　印张 10
字数 250 千字
2023 年 12 月第 1 版　2023 年 12 月第 1 次印刷
ISBN 978－7－5478－6298－8/S · 258
定价：100.00 元

内容提要

　　本书对鳙种质资源保护与利用的最新研究成果进行系统总结。一方面从生物学特性、种质资源分布状况、种质遗传多样性等方面介绍了鳙种质资源概况,并针对种质资源保护面临的问题提出了保护策略。另一方面从遗传改良、养殖和加工几个方面阐述了鳙种质资源的利用,首先归纳总结了鳙遗传改良的方法,用实例介绍了鳙新品种的选育技术路线和新品种的特性,并分析其养殖性能;然后从人工繁殖、苗种培育和成鱼养殖3个阶段具体介绍了鳙的养殖生产,同时对其营养需求与饲料、养殖病害防治进行介绍;最后根据鳙的加工特性,详细介绍贮运流通与加工技术,以及品质分析与质量安全控制方法。

　　本书内容科学、实用,可供广大水产养殖者及水产相关科技人员、渔业管理人员阅读参考。

中国大宗淡水鱼种质资源保护与利用丛书

编委会

总主编

桂建芳　　戈贤平

编　委

（按姓氏笔画排序）

王忠卫	李胜杰	李家乐	邹桂伟	沈玉帮	周小秋
赵永锋	高泽霞	唐永凯	梁宏伟	董在杰	解绶启
缪凌鸿					

序

　　大宗淡水鱼是中国也是世界上最早的水产养殖对象。早在公元前 460 年左右写成的世界上最早的养鱼文献——《养鱼经》就详细描述了鲤的养殖技术。水产养殖是我国农耕文化的重要组成部分,也被证明是世界上最有效的动物源食品生产方式,而大宗淡水鱼在我国养殖鱼类产量中占有绝对优势。大宗淡水鱼包括青鱼、草鱼、鲢、鳙、鲤、鲫、鲂(鳊)七个种类,2022 年养殖产量占全国淡水养殖总产量的 61.6%,发展大宗淡水鱼绿色高效养殖能确保我国水产品可持续供应,对保障粮食安全、满足城乡居民消费发挥着非常重要的作用。大宗淡水鱼养殖还是节粮型渔业和环境友好型渔业的典范,鲢、鳙等对改善水域生态环境发挥着不可替代的作用。但是,由于长期的养殖,大宗淡水鱼存在种质退化、良种缺乏、种质资源保护与利用不够等问题。

　　2021 年 7 月召开的中央全面深化改革委员会第二十次会议审议通过了《种业振兴行动方案》,强调把种源安全提升到关系国家安全的战略高度,集中力量破难题、补短板、强优势、控风险,实现种业科技自立自强、种源自主可控。

　　大宗淡水鱼不仅是我国重要的经济鱼类,也是我国最为重要的水产种质资源之一。为充分了解我国大宗淡水鱼种质状况特别是鱼类远缘杂交技术、草鱼优良种质的示范推广、团头鲂肌间刺性状遗传选育研究、鲤等种质资源鉴定与评价等相关种质资源工作,国家大宗淡水鱼产业技术体系首席科学家戈贤平研究员组织编写了《中国大宗淡水鱼种质资源保护与利用丛书》。

　　本丛书从种质资源的保护和利用入手,整理、凝练了体系近年来在种质资源保护方面的研究进展,尤其是系统总结了大宗淡水鱼的种质资源及近年来研发的如合方鲫、建鲤 2 号等数十个水产养殖新品种资源,汇集了体系在种质资源保护、开发、养殖新品种研发,养殖新技术等方面的最新成果,对体系在新品种培育方面的研究和成果推广利用进行了系统的总结,同时对病害防控、饲料营养研究及加工技术也进行了展示。在写作方式上,本丛书也不同于以往的传统书籍,强调了技术的前沿性和系统性,将最新的研究成果贯穿始终。

  本丛书具有系统性、权威性、科学性、指导性和可操作性等特点,是对中国大宗淡水鱼目前种质资源与养殖状况的全面总结,也是对未来大宗淡水鱼发展的导向,还可以为开展水生生物种质资源开发利用、生态环境保护与修复及渔业的可持续发展工作提供科技支撑,为种业振兴行动增添助力。

中国科学院院士

中国科学院水生生物研究所研究员

2023 年 10 月 28 日于武汉水果湖

前 言

我国大宗淡水鱼主要包括青鱼、草鱼、鲢、鳙、鲤、鲫、鲂。这七大品种是我国主要的水产养殖鱼类,也是淡水养殖产量的主体,其养殖产量占内陆水产养殖产量较大比重,产业地位十分重要。据统计,2021 年全国淡水养殖总产量 3 183.27 万吨,其中大宗淡水鱼总产量达 1 986.50 万吨、占总产量 62.40%。湖北、江苏、湖南、广东、江西、安徽、四川、山东、广西、河南、辽宁、浙江是我国大宗淡水鱼养殖的主产省份,养殖历史悠久,且技术先进。

我国大宗淡水鱼产业地位十分重要,主要体现为"两保四促"。

两保:一是保护了水域生态环境。大宗淡水鱼多采用多品种混养的综合生态养殖模式,通过搭配鲢、鳙等以浮游生物为食的鱼类,可有效消耗水体中过剩的藻类和氮、磷等营养元素,千岛湖、查干湖等大湖渔业通过开展以渔净水、以渔养水,水体水质显著改善,生态保护和产业发展相得益彰。二是保障了优质蛋白供给。大宗淡水鱼是我国食品安全的重要组成部分,也是主要的动物蛋白来源之一,为国民提供了优质、价廉、充足的蛋白质,为保障我国粮食安全、满足城乡市场水产品有效供给起到了关键作用,对提高国民的营养水平、增强国民身体素质做出了重要贡献。

四促:一是促进了乡村渔村振兴。大宗淡水鱼养殖业是农村经济的重要产业和农民增收的重要增长点,在调整农业产业结构、扩大农村就业、增加农民收入、带动相关产业发展等方面都发挥了重要的作用,有效助力乡村振兴的实施。二是促进了渔业高质量发展。进一步完善了良种、良法、良饵为核心的大宗淡水鱼模式化生产系统。三是促进了渔业精准扶贫。充分发挥大宗淡水鱼的资源优势,以研发推广"稻渔综合种养"等先进技术为抓手,在特困连片区域开展精准扶贫工作,为贫困地区渔民增收、脱贫摘帽做出了重要贡献。四是促进了渔业转型升级。

改革开放以来,我国确立了"以养为主"的渔业发展方针,培育出了建鲤、异育银鲫、团头鲂"浦江1号"等一批新品种,促进了水产养殖向良种化方向发展,再加上配合饲料、渔业机械的广泛应用,使我国大宗淡水鱼养殖业取得显著成绩。2008年农业部和财政部联合启动设立国家大宗淡水鱼类产业技术体系(以下简称体系),其研发中心依托单位为中国水产科学研究院淡水渔业研究中心。体系在大宗淡水鱼优良新品种培育、扩繁及示范推广方面取得了显著成效。通过群体选育、家系选育、雌核发育、杂交选育和分子标记辅助等育种技术,培育出了异育银鲫"中科5号"、福瑞鲤、长丰鲢、团头鲂"华海1号"等数十个通过国家审定的水产养殖新品种,并培育了草鱼等新品系,这些良种已在中国大部分地区进行了推广养殖,并且构建了完善、配套的新品种苗种大规模人工扩繁技术体系。此外,体系还突破了大宗淡水鱼主要病害防控的技术瓶颈,开展主要病害流行病学调查与防控,建立病害远程诊断系统。在养殖环境方面,这些年体系开发了池塘养殖环境调控技术,研发了很多新的养殖模式,比如建立池塘循环水养殖模式;创制数字化信息设备,建立区域化科学健康养殖技术体系。

当前我国大宗淡水鱼产业发展虽然取得了一定成绩,但还存在健康养殖技术有待完善、鱼病防治技术有待提高、良种缺乏等制约大宗淡水鱼产业持续健康发展等问题。

2021年7月召开的中央全面深化改革委员会第二十次会议,审议通过了《种业振兴行动方案》,强调把种源安全提升到关系国家安全的战略高度,集中力量破难题、补短板、强优势、控风险,实现种业科技自立自强、种源自主可控。

中央下发种业振兴行动方案。这是继 1962 年出台加强种子工作的决定后,再次对种业发展做出重要部署。该行动方案明确了实现种业科技自立自强、种源自主可控的总目标,提出了种业振兴的指导思想、基本原则、重点任务和保障措施等一揽子安排,为打好种业翻身仗、推动我国由种业大国向种业强国迈进提供了路线图、任务书。此次方案强调要大力推进种业创新攻关,国家将启动种源关键核心技术攻关,实施生物育种重大项目,有序推进产业化应用;各地要组建一批育种攻关联合体,推进科企合作,加快突破一批重大新品种。

由于大宗淡水鱼不仅是我国重要的经济鱼类,还是我国重要的水产种质资源。目前,国内还没有系统介绍大宗淡水鱼种质资源保护与利用方面的专著。为此,体系专家学者经与上海科学技术出版社共同策划,拟基于草鱼优良种质的示范推广、团头鲂肌间刺性状遗传选育研究、鲤等种质资源鉴定与评价等相关科研项目成果,以学术专著的形式,系统总结近些年我国大宗淡水鱼的种质资源与养殖状况。依托国家大宗淡水鱼产业技术体系,组织专家撰写了"中国大宗淡水鱼种质资源保护与利用丛书",包括《青鱼种质资源保护与利用》《草鱼种质资源保护与利用》《鲢种质资源保护与利用》《鳙种质资源保护与利用》《鲤种质资源保护与利用》《鲫种质资源保护与利用》《团头鲂种质资源保护与利用》7 个分册。

本套丛书从种质资源的保护和利用入手,提炼、集成了体系近年来在种质资源保护方面的研究进展,对体系在新品种培育方面的研究成果推广利用进行系统总结,同时对养殖技术、病害防控、饲料营养及加工技术也进行了展示。在写作方式上,本套丛书更加强调技术的前沿性和系统性,将最新的研究成果贯穿始终。

本套丛书可供广大水产科研人员、教学人员学习使用,也适用于从事水产养殖的技术人员、管理人员和专业户参考。衷心希望丛书的出版,能引领未来我国大宗淡水鱼发展导向,为开展水生生物种质资源开发利用、生态保护与修复及渔业的可持续发展等提供科技支撑,为种业振兴行动增添助力。

中国水产科学研究院淡水渔业研究中心党委书记
国家大宗淡水鱼产业技术体系首席科学家 戈贤平

2023 年 5 月

目 录

7 贮运流通与加工技术

1

鳙种质资源研究进展

1.1

鳙种质资源概况

1.1.1 · 形态学特征

鳙（*Hypophthalmichthys nobilis*）又称花鲢、胖头鱼、大头鱼、黑鲢等，在分类学上属脊索动物门（Chordata）、硬骨鱼纲（Osteichthyes）、鲤形目（Cypriniformes）、鲤科（Cyprinidae）、鲢属（*Hypophthalmichthys*）。因鳙肉具有蛋白质含量高、脂肪和胆固醇含量低等特点而极受消费者青睐。鳙与鲢（*H. molitrix*）、草鱼（*Ctenopharyngodon idellus*）、青鱼（*Mylopharyngodon piceus*）一起并称为我国"四大家鱼"（李思发等，1989）。鳙外形似鲢，体侧扁，头部较大且宽，体鳞细而密；口大、端位，下颌稍向上倾斜；眼位较低；胸鳍长，末端远超过腹鳍基部；体色稍黑，体表有不规则的黑色斑纹（图1-1）。

图1-1·鳙

随着长期的人工繁殖，近年来，鳙种质资源开始逐步衰退。对鳙种质资源进行遗传分析，发现了一些新的育种材料。例如，范武江（2007）对两种体色（黑色和白色）鳙的胸鳍、尾鳍和体表颜色进行观察发现，白鳙体表黑色花斑少而分散，颜色淡，花斑面积小于体表总面积的30%，胸鳍和尾鳍颜色较浅；黑鳙体表花斑面积大而颜色深，体色偏黑，胸鳍颜色和尾鳍颜色较浓，并且有类似颗粒状的黑色斑点。通过测量代表鳙生物学特征的11个度量性状并对其11项比值进行处理后发现，头长/眼径、头长/眼间距、体长/眼间距、体长/尾柄长4项比值差异极显著，尾柄长/尾柄高差异显著；通过抽查不同生长时期鳙的体重发现，2龄及以上的黑鳙比白鳙具有更大的生长优势。严斌（2010）对普通鳙、新型红鳙和雌核发育红鳙3个种群的生物学特征进行了分析，通过测量代表鳙生物学特征的13个度量性状发现，红鳙和雌核发育红鳙的各项性状比值基本一致，表明雌核发育红鳙稳定地遗传了红鳙的优良性状；普通鳙和两种红鳙在头长/吻长、体长/体高、尾柄长/尾柄高等比值性状上有显著差异，尤其以体长/体高最为显著；红鳙具有体宽、尾柄短等优良性状。此外,鱼的形态特征在一定程度上也间接反映其生活史。有研究证实,养殖鱼类与野生鱼类在形态特征方面存在差异。于红霞等(2010)采用多元分析方法研究表明,鳙在幼鱼向成鱼发育的过程中,在形态上存在两个具有显著差异的阶段;基于30项形态度量数据进行分析,欧氏距离较远的1龄、2龄组与3~5龄组间分别聚类,说明在鳙个体发育过程中具有生长异速现象。宋咏等(2014)通过对比三峡库区、三峡库区水域牧场和池塘养殖鳙的形态特征发现,水库养殖鳙较池塘养殖鳙有头部变大、躯干部变小的趋势;将池塘养殖鳙在库区进行30天暂养后,其形态特征接近野生养殖鳙,推测这可能与养殖场的营养环境有关。

鳙是典型的滤食性鱼类,具特有的滤食性器官,由鳃弧骨、腭褶、鳃耙和鳃耙管等组成(图1-2)。食物先经鳃耙过滤,水和微小物体从鳃耙间隙通过并从鳃孔排出,不能通过的浮游生物、有机碎屑等被滤积到鳃耙沟中并向后方移动,到近咽喉底时,鳃耙管壁肌肉收缩,从管中压出水流把食物汇到一起进入咽底,经咽喉进入前肠被消化吸收(胡保同,1983;谢从新,1989)。滤食器官的形态发育和数量性状变化直接影响鳙的摄食方式。鳙的摄食主要分为吞食、吞食向滤食转化和滤食3个阶段。吞食阶段的鳙,全长10 mm左右,因鳃耙数量少且短,鳃耙管和腭褶处于早期发育阶段,尚不具备滤食饵料的能力,主要依赖视觉感知,可主动吞食无节幼虫、轮虫和枝角类等;吞食向滤食过渡阶段的鳙,鳃耙与侧间突进一步发育,口的大小、侧间突间距及鳃耙间距直接决定饵料生物的大小,因此浮游植物与枝角类成为此阶段鳙的

图 1-2 · 鳙的鳃(左)和鳃弓段(右)

主要生物饵料;滤食阶段的鳙,摄食器官发育完成,鳃耙作为主要的滤食器官,适口饵料大小受鳃耙间距影响(胡保同,1983)。

鳙在整个生命活动期间主要摄食浮游动物,偶尔也食浮游植物。有研究表明,当水体中浮游生物组成发生改变时,鳙的主要摄食种类也会发生相应的变化。谢从新(1989)对湖北混养鱼池中鳙的食性进行了调查,认为鳙主要摄食浮游生物,且对硅藻、金藻、隐藻和裸藻的大部分种类消化良好,对甲藻、蓝藻和绿藻中部分种类可消化,但对大部分种类难以消化。刘恩生等(2007)对太湖鲢、鳙的食物组成研究发现,当太湖水体富营养化,即蓝藻、微囊藻为主要优势种时,鲢、鳙的主要饵料生物会发生改变,蓝藻和微囊藻成为其主要饵料生物。此外,投喂方式对鳙的形态特征也有一定影响。许德高等(2016)通过施肥(组A)、施肥+1/2投饲(组B)、施肥+投饲(组C)和投饲(组D)4种投喂方式对鳙形态特征的影响进行了分析,方差分析结果显示,不同处理组鳙全长/体长、体高/体长、吻

长/体长等 26 个性状差异显著,而头高/体长、头长/体长等性状在施肥和投饲组中没有差异;聚类结果表明,组 B、组 C 和组 D 聚为一类,组 A 单独聚为一类,说明投饲养殖鳙的形态特征发生了显著变化,但头部主要性状没有差异,头部至背鳍的躯干部显著增大,进而形成了头部偏小的假象。

1.1.2 · 种质资源分布状况

鳙是我国重要的淡水经济鱼类,为典型的江(河)、湖泊半洄游性鱼类,其天然分布区主要包括长江平原(从江苏到湖北和湖南)、钱塘江平原、珠江平原(最西可以到达广西的全州、百色等处)、黄河平原(至汾渭盆地)、海河平原等;长江是鳙的主要产卵地和种质资源储藏库(张锡元等,1999)。此外,黑龙江水系原先没有鳙的自然分布,现存群体多为 20 世纪 50 年代起从我国南方多次引进群体的繁殖后代(邓宗觉,1992)。近几十年来,鳙作为湖泊、水库渔业中的主要养殖对象,在东北地区的养殖规模正逐步扩大,更是成为东北地区冬捕的主要对象(王继隆等,2016)。同时,为发展水产养殖或改良水质,鳙已于 20 世纪中期被广泛引种至亚洲、欧洲、北美洲的许多国家。虽然鳙已被传播到世界上多个国家和地区,但由于鳙自然繁殖对生态环境的特殊要求(水温、江洪、维持胚胎发育的流速等),仅在北纬 21° 至北纬 47° 的有限区域范围内(如欧洲多瑙河、北美洲密西西比河及日本利根川河)成功建立了自然繁殖群体(Willink 等,2009;Froese 等,2010)。苏联于 1940—1950 年大规模引进中国"四大家鱼",经匈牙利等东欧国家传至多瑙河流域多个国家(Pinter,1980)。美国于 1973 年引进鲢、鳙用于处理池塘的水质,后因养殖池塘的鱼类逃逸,鲢、鳙个体逐渐在当地天然水域形成自然繁殖种群,现已遍及美国密西西比河等流域(Conover 等,2007)。由于人为干涉,使得东亚特有种——鳙在世界范围内呈现了新的自然分布格局,并对当地经济生产、自然生态产生了重要影响。

1958 年我国水产科学家首次攻克了鳙的人工繁殖技术,结束了几千年来依靠人工捕捞野生苗种的历史,极大地促进了其养殖业的迅速发展。目前,鳙全球年产量超过 350 万吨,我国 2020 年鳙产量达 313 万吨(图 1 – 3),在世界渔业中占有重要的经济地位(张敏莹等,2013)。长江成为提供鳙人工繁殖亲本的主要来源(李思发等,1986)。在鳙的发育过程中,性成熟个体需洄游到江河流水产卵场进行产卵,鱼卵随江河流水漂流孵化,而产卵后的亲鱼和发育中的幼鱼需洄游至支流及通江湖泊中摄食育肥(王兴勇和郭军,2005)。由于长江水利工程、围湖造田、过度捕捞及环境污染等因素,长江中鳙的种质资源持续衰退,体现在群体数量显著减少、群体结构趋于简单化、天然苗种数量锐减等。刘乐和等(1986)连续 4 年(1981—1984 年)的调查结果表明,自葛洲坝水利枢纽建成后,调查江段中鳙的产卵量显著降低,不足 20 世纪 60 年代前的 10%。Duan 等(2009)研究发现,1997—2005 年,自宜昌到城陵矶江段,鲟的主要产卵地变化不大,但产卵量显著降低。此外,有研究报道,近几十年来,珠江流域水坝、航道工程建设和过度捕捞使鱼类通道受阻、产卵场功能消失,渔业资源也开始急剧衰退,鱼类等水生生物种类及数量大幅减少,包括鲟在内的大多数鱼类产卵时间与历史资料相比都有推迟的现象(Tan 等,2010)。由此可见,评估长江及其他水系鲟野生群体与养殖群体种质资源现状及其存在的差异显得尤为重要。

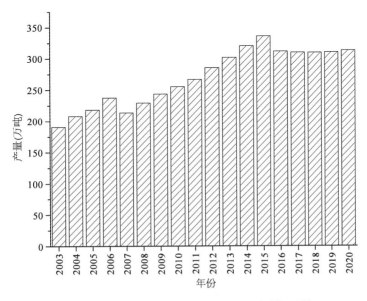

图 1 - 3 · 2003—2020 年我国鲟产量(农业农村部渔业渔政管理局等,2021)

1.1.3 · 种质遗传多样性

生物多样性包括遗传多样性、物种多样性和生态系统多样性,其中遗传多样性是生物多样性的重要组成部分(张庆等,2009)。遗传多样性包含种间、种内群体间或个体间的变化,是生物适应环境与进化的基础,也是种质鉴定的核心内容;分析种内遗传变异及其群体结构在探讨种质资源保护和进化潜力方面具有重要作用(Xu 等,2014)。同时,对物种遗传多样性的研究也是国内外学者评估其种质资源状况的主要途径,可揭示物种的进化历史(如起源时间、地点、方式等),了解种内遗传变异的大小、时空分布及其与环境条件的关系,进而采取科学、有效的措施来保护遗传种质资源(基因),为动植物育种和遗传改良、濒危物种保护奠定理论基础(范武江,2007)。现阶段,针对鲟的遗传多样性研究已广泛开展,主要集中在细胞遗传学、蛋白质和同工酶标记,以及分子标记等方面。

▪（1）鳙表型形态学研究

形态学表型是区分种群特征最直观的依据,通过对可量、可数性状的测定,比较分析不同物种的表型差异,从而判别其是否发生了遗传变异(Swain 等,1999)。在水生动物中,通过判断表型特征的差异对种群进行鉴别、对杂交子代进行分析是最常规的手段(Zou 等,2007)。同时,处于不同地理位置的种群或群体,因长时间受地理隔离和环境变化影响,也会出现形态学的变异。李思发等(1989)对长江水系鳙和珠江水系鳙的生长速度进行了对比,通过随机区组试验比较了 2 龄和 3 龄鳙的生长速度,发现长江水系鳙比珠江水系鳙长速更快、天然繁殖鳙比人工繁殖鳙长速更快,说明长江水系鳙拥有显著优于其他水系鳙的生长性能,为后续各地区鳙的养殖推广奠定了基础。王继隆等(2016)对五大连池鳙群体进行分析发现,鳙平均体长、体重分别为 54.61 cm 和 3 280.53 g,主要由 3~8 龄共 6 个年龄段组成,其中 5 龄个体占 50.67%;体重生长曲线表明,生长拐点年龄为 7.61 龄,对应体长为 63.94 cm,明显高于捕获物中鳙的平均体长,说明鳙的捕捞年龄、规格偏小;与其他水域鳙相比发现,五大连池鳙的生长速度缓慢,分析可能是由于环境水温、饵料丰度、种群差异等原因造成的。魏宪芸等(2019)对上海市长江入海口江心青草沙水库鳙的年龄结构和生长特性进行分析发现,主要由 1~11 龄组成,其中 2~3 龄居多;综合体长、体重等指标分析发现,鳙的生长幂指数小于 3,其体形偏细长,生长潜力未得到最大限度发挥;体长和体重回归方程显示,鳙早期生长速度快,但达一定水平后开始减慢,并趋于渐进值;鳙的生长拐点为 5 龄,达到该年龄之后,生长速度开始逐渐减缓;研究结果建议,该水库中的鳙应以 5.5 龄为起捕年龄。

目前,围绕鳙种间杂交的研究也陆续展开,通过形态学分析能够有效地对杂交子代进行鉴别比较。如 Beck 和 Biggers(1983)在以鳙为父本、草鱼为母本的杂交试验中,通过判别函数对杂交后代的 26 个可量性状进行测量和比较,发现其中有 12 个性状可用于鉴别二倍体后代和三倍体后代,且三倍体后代的形态异常数少于二倍体,分析是由于三倍体杂交种有来自同一物种的两套染色体造成。Cassani 等(1984)对鳙为父本、草鱼为母本的杂交后代进行形态学比较,发现三倍体后代的生长速度优于二倍体,侧线鳞片和侧线下鳞片数目更少,肠道相对更长,畸形率更低。郭诗照(2011)对草鱼、鳙、草鱼(♀)×鳙(♂)F$_1$ 等 3 个组合的 1 龄鱼进行了形态学和框架分析,结果发现:在可数性状中,背鳍棘数、臀鳍棘数、胸鳍棘数、腹鳍棘数一致;在对其他可数性状统计分析发现,草鱼与草鱼(♀)×鳙(♂)F$_1$ 在背鳍、臀鳍上无显著性差异,但与鳙之间存在极显著性差异;草鱼、鳙、草鱼(♀)×鳙(♂)F$_1$ 在胸鳍、腹鳍数上无显著性差异,但在侧线鳞、侧线上鳞和侧线下鳞数上存在极显著性差异;对 3 个组合的可量性状与框架数据比较及聚类说明,草鱼

（♀）×鳙（♂）F₁ 在形态上较接近其母本草鱼。

（2）鳙细胞遗传学研究

在水产动物中,细胞遗传学的研究多围绕在通过染色体倍性、组型,以及形态特征对生物种类进行鉴别、进化关系的了解及生物遗传变异的分析方面(门正明和韩建林,1993)。Allen 和 Stanley(1983)利用流式细胞仪对鳙细胞核的大小进行观察并确定了鳙与草鱼杂交子代的染色体倍性,发现子代中存在三倍体及四倍体个体。Beck 等(1984)通过比较亲本和杂交后代的染色体组型研究草鱼、鳙三倍体杂交子代的染色体来源,发现杂交子代继承了 1 套父本染色体和 2 套母本染色体。此外,张建社(1987)研究了鳙第 Ⅳ 时相卵母细胞发育为第 Ⅴ 时相成熟卵子的细胞学演变程序,通过两次注射 HCG 和 LRH－A 的方法进行人工催产,发现在卵子成熟过程中,卵内各种有形物质发生有规律的移动和安排;随着卵母细胞的成熟,精孔细胞逐渐溶解,并最终消失殆尽,受精孔敞开,细胞质汇集于动物极,形成胚基;成熟卵子最终突破滤泡膜,游离排出体外。昝瑞光和宋峥(1980)为探求鳙×鲢杂交后代两性全育、草鱼×团头鲂杂交后代两性不育、鲤×鲫杂交后代雄性不育的原因,分析比较了鳙、鲢、鲤、鲫的染色体组型,采用分类关系上的距离远近进行了解释。

（3）鳙蛋白标记研究

蛋白标记或生化遗传标记的研究,主要是通过电泳技术将带有不同电荷和不同分子量大小的蛋白质分开,进而揭示核基因组 DNA 的遗传变异情况。在鱼类种群分析中最常用的同工酶包括酯酶(EST)、乳酸脱氢酶(LDH)、苹果酸脱氢酶(MDH)、异柠檬酸脱氢酶(IDHP)和超氧化物歧化酶(SOD)。同工酶电泳是鉴别雌核发育子代和杂交子代的常规手段。同工酶变异丰富,不同谱带差异一般表现为同一基因位点上等位基因的差异,能稳定遗传,而杂合体共显性对生物性状表现一般无直接效应(邓务国,1994)。Magee 和 Philipp(1982)利用多种同工酶对草鱼和鳙杂交后代进行鉴别,发现了较多数量的三倍体个体和少部分雌核发育个体。姜建国和姚汝华(1998)对青鱼、草鱼、鲢、鳙"四大家鱼"6 个组织中的 10 种同工酶和蛋白质进行了电泳分析,对所研究的 21 种同工酶和蛋白质在 4 种鱼中的组织分布、位点表达及活性进行检测,结果发现,其中 7 种同工酶存在不同程度的种间差异,可将其作为种类区分的遗传标记,还有 3 种同工酶可作为青鱼、草鱼与鲢、鳙两个亚科间的鉴别标记。

此外,同工酶技术也广泛应用于水产动物的群体遗传多样性研究。李思发等(1986)对长江、珠江及黑龙江的鲢、鳙和草鱼 8 个种群的 16 个位点进行分析,结果发现,长江和珠江水系鲥的种群多态性位点所占比例均为 31.3%,平均杂合度分别为 0.137 5 和 0.097 7,遗传相似度为 0.995 5。赵金良和李思发(1996)通过同工酶电泳技术对长江中下游"四大家鱼"是否存在不同种群进行了分析,结果发现,长江中下游"四大家鱼"同种鱼的各群体之间未出现显著遗传变异,表明这些群体属于一个种群,其中各鲥群体间的遗传距离为 0.000 50~0.001 41,比李思发等(1986)计算的鲥遗传距离 0.040 7 小,说明同种鱼在同一水系或种群内的遗传分化与不同水系间或种群间的遗传分化相比要低得多。夏德全等(1996)利用淀粉胶电泳技术对天鹅洲通江型故道"四大家鱼"的心脏、眼、脑、肌肉、肝脏组织中的 LDH、MDH、G6PDH、EST 四种同工酶进行了分析,初步发现该水域的"四大家鱼"基本是纯的,可以在该区域建立"四大家鱼"种质资源天然生态库。然而,同工酶的研究方法存在一定局限性,其分析在一定程度上受所选酶的多少和种类影响;对样品的要求也较高,必须是新鲜样品,且在操作过程中应尽量避免酶活性失活。

(4) 鲥分子标记相关研究

分子标记亦称 DNA 标记。在水产动物遗传育种中,通常利用分子标记技术进行群体的种质资源现状和遗传变异情况研究,进而为制定育种方案提供重要理论依据。在鲥的种质资源相关研究中,常用的分子标记包括 RFLP(限制性片段长度多态性)、RAPD(随机扩增多态性)、mtDNA(线粒体 DNA)、AFLP(扩增片段长度多态性)、SSR(微卫星)和 SNP(单核苷酸多态性)等。

① RFLP:由 Bostein 等(1980)最早提出并使用的分子标记。其原理是,整个基因组DNA 或部分基因组片段存在碱基转换、颠换、缺失或插入,经限制性内切酶酶切后可产生数量、长度不等的 DNA 片段,进而产生长度多态性。李思发等(1998)采用 RFLP 技术对长江中下游共 365 尾"四大家鱼"进行分析,发现长江中下游水域中青鱼、鲢和鲥的遗传多样性较丰富,说明长江中下游"四大家鱼"虽然均存在一定程度的遗传分化,但所有群体间的基因交流水平和迁移率仍较高。单淇等(2006)使用 12 种限制性核酸内切酶对江西瑞昌、湖南长沙的天然鲥群体及天津宁河的人工繁殖鲥群体共 127 尾进行分析,结果发现,在 12 种内切酶中,8 种有酶切位点,2 种(Afa I 和 Hinf I)个体间有变异,共得到 7种单倍型,其中 Afa I 的酶切类型 C 和 Hinf I 的酶切类型 B 组成的单倍型在长沙群体中占 87.5%,而在瑞昌和宁河群体中均为 0。由此可认为,鲥瑞昌群体和长沙群体可能是两个隔离的独立群体。然而,RFLP 标记也有其自身的不足,只有特定的内切酶并且在某个位点才表现多态性,最主要的问题是酶切后相同长度 DNA 片段内的碱基变异情况无法检测到,因此该标记的灵敏度不是很高。

② RAPD:利用单个随机单链寡核苷酸为引物,对所要研究的基因组 DNA 进行 PCR

扩增,因寡核苷酸可能与基因组 DNA 多个位点结合,且为随机结合,因此可获得不同长度、可分离的 DNA 片段。该标记不需要知道所研究 DNA 序列组成就可分析其遗传多样性,因此使用尽可能多的随机引物可基本覆盖整个基因组,充分揭示基因组遗传变异(Williams 等,1990)。张德春(2002)采用 RAPD 对荆州和昭平的两个人工繁殖鲴群体进行分析,得到两个群体内个体的遗传相似度,并且将两个群体的遗传多样性进行比较,同时将两个人工繁殖群体和自然群体也进行了对比,发现自然群体的遗传多样性水平明显高于人工繁殖群体,且自然群体仍保持较高的遗传多样性,因此,建议鲴亲本应在遗传多样性丰富的群体中挑选,同时还要保证繁殖亲鱼的有效种群数量不能太小。张金洲等(2008)利用 RAPD 技术对鲤、鲴、团头鲂种间的亲缘关系进行分析,结果表明,团头鲂与鲴、团头鲂与鲤的遗传距离相近,分别为 0.654 和 0.652,而鲤与鲴之间的遗传距离为 0.587,说明鲤、鲴间的亲缘关系比团头鲂、鲴及团头鲂、鲤之间的亲缘关系近。严斌等(2011)随机选取了 12 尾湘云金鲴(BRC)和 12 尾来自湘江流域的普通鲴(BC)进行 RAPD 分析,结果显示,在 45 个随机引物的扩增谱带中有 2 个引物(S20、S46)的特异扩增谱带可作为 RBC 和 BC 间的分子遗传标记。普通鲴群体内个体间遗传距离为 0.04～0.13、群体内平均遗传距离为 0.075,湘云金鲴群体内个体间遗传距离为 0.02～0.35、群体内平均遗传距离为 0.139,表明湘云金鲴群体遗传多样性明显强于普通鲴群体。本研究结果为鲴种质保护提供了科学证据,为鲴良种选育积累了更多遗传背景资料。

③ mtDNA:线粒体 DNA(mitochondrial DNA,mtDNA)是一种环状共价闭合的双链超螺旋分子,为核外遗传物质。mtDNA 具严格母系遗传、分子量小、无组织特异性和进化速率快等特点,被广泛用于物种起源、遗传分化、种内和种间系统发生关系及原种鉴定等方面(肖武汉和张亚平,2000;邹习俊等,2009)。在对鲴线粒体 DNA 序列全长的解析中,杨琴玲等(2009)对采集自我国长江的鲴 mtDNA 全序列进行了分析,结果发现,鲴 mtDNA 全长为 16 621 bp,其碱基 A+T 含量为 56.9%;线粒体基因组排列、结构和组成与其他鲤科鱼类相似,COI 基因的起始密码子为 GTG,而其他 12 个蛋白编码基因的起始密码子均为 ATG。此外,基于线粒体 DNA 的序列变异特征也较多应用于鲴种属差异、群体变异等遗传分析。单淇等(2006)对鲴 3 个群体的 mtDNA 的 D-loop 区段进行 PCR 扩增,并使用 12 种限制性核酸内切酶进行酶切,结果显示,长沙群体的 32 尾样本中属于第 6 种单倍型的有 28 尾,而在瑞昌和宁河群体中未检测到这种单倍型,可认为瑞昌群体和长沙群体可能是两个相对隔离的独立群体,各自有独立的基因库。郝君等(2013)采用 PCR 技术对乌克兰鳞鲤、鲫、鲢、鲴、草鱼和乌苏里拟鲿共 28 个个体的 mtDNA 的 D-loop 及其邻近区段进行了分析,获得 1 500～1 800 bp 扩增产物,序列结构分析表明,在 6 种鱼序列的 4 个区段中,D-loop 区段在种内、间的差异性均高于另外 3 个区段;6 种鱼 NJ 系统树的

结果与传统分类方法一致,可为鱼类分类和种类鉴定提供科学依据。Li 等(2010)基于 mtDNA 的 D‑loop 序列和 16S rRNA 序列对来自长江、珠江、黑龙江、多瑙河和密西西比河的鳙样本进行遗传变异分析发现,鳙遗传来源可能具有多个单倍型群组,且鳙原始起源于长江流域。Li 等(2020)基于 mtDNA 的 D‑loop 序列对珠江流域鳙的 9 个野外捕捞群体进行遗传分析发现,其多数单倍型与长江流域已报道的相关序列一致,且仅保持少量特有单倍型,认为珠江流域的鳙种质资源面临来自长江流域鳙种群的遗传渐渗。

④ AFLP:具快速、灵敏、稳定、所需 DNA 量少,以及多态性检出率高、重复性好、可以在不知道基因组序列特征的情况下进行研究等特点,现已被用于遗传图谱构建、遗传多样性研究及品系鉴定等方面。但和其他分子标记相比,有关 AFLP 在水产动物领域的研究相对较少。廖梅杰等(2007)以鲢、鳙杂交子代为作图群体,采用 26 个 SSR 标记和 127 个 AFLP 标记构建鳙遗传图谱,共定位到 30 个连锁群,覆盖率达 80.5%。严骏骢等(2011)采用 AFLP 技术分析了鳙中国土著群体(长江、珠江)与国内外移居群体(欧洲多瑙河、北美洲密西西比河、中国黑龙江)的遗传变异特性,发现国内外移居群体的遗传多样性明显低于国内土著群体,移居群体遗传多样性水平低可能是其来源以及在异地适应和群体扩增过程中发生了较明显的遗传瓶颈效应。鳙土著群体与国内外移居群体间出现显著分化,说明移居后新形成的自然群体的遗传背景、遗传漂变、环境压力与自然选择等方面与土著群体间存在显著差异。这一研究结果为进一步监测该物种国内外移居群体的遗传变化趋势积累资料,为鳙遗传资源保护、引种管理提供依据。

⑤ SSR:随着分子生物学技术的快速发展,微卫星标记(SSR)因具有高度多态性、共显性、通用性和分析操作自动化等优势而迅速成为群体遗传多样性评估的有效手段。鳙微卫星标记被大量开发,并被广泛应用于跨物种、不同水系群体的遗传变异等分析。鲁翠云等(2005)采用原位杂交筛选基因组文库,通过杂交获得 99 个阳性克隆,然后测序鉴定到 82 个 SSR 序列,为鳙及相关种群遗传多样性研究、遗传选育和遗传图谱构建等提供重要参考。Zhu 等(2013)开发了 201 个三核苷酸和四核苷酸重复微卫星用于鳙遗传多样性分析,其中 135 个显示出多态性;在测试群体中,37 个基因座中的 24 个呈高度多态信息性($PIC>0.5$),6 个位点偏离 Hardy‑Weinberg 平衡,在 Bonferroni 校正后没有一对位点处于连锁不平衡状态;所有位点都能在鲢中成功扩增,表明这些 SSR 在相近物种中具高度普遍性;这些新的多核苷酸微卫星将成为进一步研究鳙及与其密切相关的鲢种群和保护遗传学的有用工具。在对长江流域鳙自然群体的研究中,沙航等(2020)和 Fang 等(2020)基于 SSR 标记分别对长江流域中游和下游的鳙群体进行了遗传分析,发现群体遗传多样性普遍较高。张敏莹等(2013)研究发现,长江下游鳙放流群体和捕捞群体间遗传多样性没有显著差异,认为种质资源状况良好。冯晓婷等(2020)利用微卫星标记对长江

下游原(良)种场鲌亲本和后备亲本的遗传多样性和遗传结构进行了分析,旨在评估鲌选育和育苗群体的种质资源现状,并反映增殖放流种苗的遗传多样性。结果表明,7 个亲本群体和 1 个后备亲本群体的总体遗传多样性水平较高,但仍存在一定程度的近亲繁殖风险;大部分亲本群体间并未出现明显的遗传分化,但后备亲本和亲本之间出现了较明显的遗传分化;后备亲本的遗传多样性高于亲本,其原因可能是亲本鲌群体作为封闭的养殖群体经过了多代的人工选择和淘汰而导致遗传多样性水平下降。比较分析发现,鲌的国内群体相对于国外自然水域群体(Farrington 等,2017)和养殖群体(Nosova 等,2019)普遍具有更高的遗传多样性水平。张丹等(2019)利用微卫星标记对鲌的 48 尾亲本及 384 尾子代进行了基因型分析,对两个交配组后代进行了亲子鉴定,鉴定成功率分别为 98.96% 和 100%,同时还发现亲本对子代的贡献率存在极显著差异。亲子鉴定的模拟分析结果显示,已筛选出的 10 个 SSR 标记可用于开展已知性别的 50 组亲本或未知性别的 50 尾亲本后代的亲子鉴定。该研究还发现,当 SSR 标记的数量为 7 个时,可满足 12 组亲本子代的亲子鉴定;当 SSR 标记的数量为 9 个时,可满足 24 组亲本子代的亲子鉴定,且鉴别率均大于 95%,可为开展鲌的家系选育工作提供重要技术支持。基于上述亲子鉴定方法,朱文彬等(2020)利用人工繁殖方式获得 2 个配组设计子代,分别获得 93.45% 和 98.21% 的有效鉴定结果,并对鲌 30 日龄生长性状的遗传力进行估算;研究还发现,亲本对子代的贡献率存在不平衡现象。

⑥ SNP:随着基因组测序技术的不断普及,SNP 逐渐成为理想的分子标记之一。它具有位点分布丰富、较高遗传性和容易实现分析自动化等特点,已被广泛应用于分析分子种群生物学特征、遗传性疾病检测及特定功能基因或片段的分型(Brumfield 等,2003)。谭新等(2009)通过直接测序和单链构象多态性(PCR-SSCP)等方法检测和鉴定了鲌生长激素(growth hormone,GH)基因内的 SNP 变异,并对 SNP 基因型以及二倍型与生长性状(全长、体重、体长、体高、肥满度)进行关联分析,结果在第二个内含子发现了 5 个变异位点;广义线性模型(GLM)分析显示,SNP3 与鲌全长、体长、体重相关性显著,而 SNP1 和 SNP2 与生长性状不相关;鲌 GH 基因的 SNP3 和二倍型 D5 与生长性状有显著相关性,可作为候选基因标记,用于鲌经济性状的分子标记辅助育种研究。高一凡等(2022)对鲌 *bmi1b* 基因进行了 SNP 发掘及其与生长和体型性状关联分析,采用 PCR 扩增产物直接测序方法,在鲌 *bmi1b* 基因 3′UTR 获得 2 个 SNP,即 g.5224 T>A 和 g.5550 C>T;利用来源于 1 个鲌混合群体的 169 尾鱼进行 SNP 基因分型及其与生长和体型性状的相关性分析,结果发现 g.5224 T>A 与体重和头高呈显著相关($P<0.05$),与体高和头长呈极显著相关($P<0.01$);g.5550 C>T 与体重和体型性状的相关性未达到显著水平。这一研究结果为进一步研究鱼类 *bmi1b* 基因的功能提供了参考,同时说明鲌 *bmi1b* 基因 SNP 标记

在生长和体型性状的分子育种研究中也具有良好的应用潜力。此外，Lamer 等（2015）基于 SNP 标记用于密西西比河流域鲢、鳙个体及其杂交子代的鉴定研究发现，流域内存在较高比例的杂交及回交子代。

1.1.4 · 重要功能基因

随着生命科学的不断发展，在鱼类不同领域的研究中，越来越多的未知新基因和基因功能被解析。通过对基因结构的生物信息学分析、基因时空表达谱和功能预测、基因功能的实验学验证（基因敲除和敲入、人工染色体诱导、反义技术、微阵列分析等），可深入探究特定基因如何参与调控生长、发育、抗病、体色等生物学活动过程，为更系统、全面地认识基因在调控通路中的分子作用奠定基础（杜玉梅和左正宏，2008）。

廖梅杰等（2007）从鳙脑组织中克隆得到两种形式的蛋白感染因子（PrP－1 和 PrP－2），系统进化分析显示，对于两者的疏水区域，淡水鱼之间的同源性较淡水鱼与海水鱼间的同源性高，主要表现在重复区域上重复肽段数目，推测重复片段的功能可能与盐代谢相关。牛艳东等（2009）通过 RACE 技术从鳙脑垂体中克隆出 GTH α 亚基和两种促性腺激素 β 亚基（LH 和 FSH），其中 GTH α 亚基全长 839 bp，编码 118 个氨基酸；FSH β 亚基 cDNA 全长 645 bp，编码 131 个氨基酸；LH β 亚基 cDNA 全长 559 bp，编码 147 个氨基酸。氨基酸序列分析表明，在鱼类中，GTH α 亚基、FSH β 亚基和 LH β 亚基具高度保守性，但 FSH β 亚基分化更快；蛋白二级结构分析表明，FSH β 亚基主要是 β 转角，LH β 亚基主要以 β 转角和 β 折叠为主，GTH α 亚基主要是 α 螺旋和 β 转角。施培松（2013）克隆了鳙脂肪酸合成酶（FAS）基因，可编码 2 514 个氨基酸残基组成的蛋白质；通过荧光定量检测其表达特征，结果发现，该基因在咽上器官的表达量最高，其次是肠道，而鳃的表达量最低。Pang 等（2018）克隆了鳙软骨素基因（*hynfst*），包括 6 个外显子和 5 个内含子，编码 349 个氨基酸；序列比较和系统发育分析发现，*fst* 在整个脊椎动物中是保守的，属 *fst*－1 异构体；同时确定了 *hynfst* 的 9 个 SNP，其中 3 个 SNP（g. 2443 T>C、g. 2852 T>C 和 g. 5483 A>G）与 4 个生长相关性状显著相关；*hynfst* 在大多数发育阶段和不同组织中都有表达，其中在卵巢表达最高，说明 *fst* 对鳙早期生长调控具明显遗传效应，这一研究结果有助于阐明 *fst* 基因在鱼类中的多种功能。Feng 等（2019）克隆并鉴定了鳙抑制 *hif*－*1* 基因 *anfih*－*1*，其 cDNA 长度为 2 065 bp，编码 357 个氨基酸；*anfih*－*1* 与其他脊椎动物的 *fih*－*1* 具很高的相似性（79. 1%～96. 4%），特别是在 JmjC 同源区，表明其功能保守；*anfih*－*1* 在未受精卵和胚胎中具明显高表达水平，在组织中主要在肌肉中高表达；低氧处理后，*anfih*－*1* 的 mRNA 表达水平在肝脏、鳃、下丘脑和脾脏中明显上调，6 h 复氧后下降到处理前水平；在肌肉中，缺氧休克和复氧后观察到 mRNA 的表达持续增加。这些结果表明,*fih-1* 可能在鲴适应缺氧胁迫的生理调节中发挥重要作用。

伴随着组学测序技术的不断发展,围绕鲴相关的编码和非编码 RNA 也陆续被鉴定。Fu 等(2019)通过对鲴 6 个早期发育阶段的转录组测序,鉴定到 30 199 个差异表达转录本和 59 014 个 SSR 位点,并发现在囊胚期后转录本表达水平明显升高,而在随后发育过程中数量逐渐减少,从囊胚期到 6 肌节期变化最大(上调或下调);在转录本相对表达量的时序性分析中发现 1 个可能与鱼苗出膜密切相关的表达模式(profile_48),该表达模式基因仅在出膜前后呈现相对较高表达水平,并确定了一个孵化酶基因(*hce1*)与其他 33 个注释基因的严格共表达关系。随后,进一步对 6 个早期发育阶段相关 miRNA 进行了鉴定(Fu 等,2022),发现了 1 046 个 miRNA,包括 312 个已知 miRNA 和 734 个预测 miRNA,以及 372 个差异表达 miRNA;在发育后期阶段,包括 miR-10b-5p、miR-21、miR-92a-3p、miR-206-3p 和 miR-430a-3p 等 miRNA 呈优势表达;靶基因预测到主要参与发育有关的生物过程,推测可能与母体基因组降解和胚胎发育过程有关。这些研究为鲴早期发育过程中组织分化、器官形成、早期生长过程的基因表达和调控研究提供了丰富的基础数据,可为后续对鲴早期发育及苗种质量相关研究提供参考数据。此外,Luo 等(2022)对孵化后 1 天、3 天、5 天、15 天和 30 天时鲴的头部进行了 RNA-Seq 和 smallRNA-Seq 分析,发现了与生长和骨骼形成有关的 26 条通路被确定为参与早期发育的主要生理过程;结合 smallRNA-Seq 数据鉴定到可能负责头部发育的 6 个关键途径,即 ECM 受体相互作用、TNF 信号通路、破骨细胞分化、PI3K-Akt 信号通路、神经活性配体-受体相互作用和 Jak-STAT 信号通路;鉴定到 20 个关键基因,如 *pik3ca*、*pik3r1*、*egfr*、*vegfa*、*igf1* 和 *itga2b* 等,这些基因主要参与调节细胞生长、骨骼形成和血液稳态;同时,还获得了 19 个在头部各组织(如脑、眼、口)形成和骨骼系统矿化中发挥多种作用的关键 miRNA,如 let-7e、miR-142a-5p、miR-144-3p、miR-23a-3p 和 miR-223。这一研究结果为研究鲴头部发育的遗传机制提供了信息,也为鲴早期生长过程中的基因相互作用调节提供了潜在的候选目标。

生长速度是水产养殖物种最重要的表型特征之一,破译其分子调节机制在遗传学和提高经济价值上都具有重大意义。Fu 等(2019)利用 RNA-Seq 手段对 2 个具有表型极端生长速度的雌性群体(H 组和 L 组)的脑和肝脏进行了测序,发现共有 30 524 个和 22 341 个基因分别在两个组织中表达;H 组和 L 组间差异表达分析发现,脑和肝脏中分别有 173 个和 204 个差异基因,其中脑组织差异基因主要富集于细胞增殖和血管生成调控方面,而肝脏中主要集中在甾醇生物合成和运输方面;同时,还检测到 2 075 个 lncRNA 在脑组织、1 490 个 lncRNA 在肝脏中表达。研究结果极大地促进了人们对生长调控的认识,有助于设计新的鲴选择育种策略,以改善其生长相关性状。随后团队成员 Luo 等

(2021)通过 Iso‐Seq 技术对鲕早期生长阶段进行了转录组分析,获得了 63 873 个非冗余转录物、20 907 个长非编码 RNA 和 1 579 个转录因子;在额骨和顶骨中共发现了 381 个可变剪切事件,在椎骨中观察到另外 784 个可变剪切事件;进一步与 RNA‐Seq 数据结合,在快速生长的鱼群中鉴定到 27 个差异表达基因(DEG),与缓慢生长的鱼相比,在椎骨中发现了 45 个 DEG,并确定了 15 条关键调控途径和 20 个关键 DEG,发现它们主要参与早期生长调控,如能量代谢、免疫功能和细胞骨架等,包含一些重要基因,如精氨酸和脯氨酸代谢途径(p4ha1)、FoxO 信号途径(sgk1)、细胞黏附分子(b2m、ptprc 和 mhcII)和过氧化物酶增殖体激活受体信号途径(scd)。这一研究结果为进一步研究生长和骨骼发育间的关联提供了帮助,可作为标记辅助育种计划的潜在候选基因来源。此外,Luo 等(2020)还进一步使用 RNA‐Seq 对鲕(来自同一个减数分裂雌性家族)的身体畸形组和正常组的肌肉和脊椎转录组进行了分析,在肌肉和椎骨中分别预测到 43 923 个和 44 416 个基因;在肌肉转录组数据中没有发现 DEG,在脊椎转录组中发现了 20 个关键 DEG,如低密度脂蛋白相关蛋白 2 基因(lrp2)、骨形态发生蛋白 2B 基因(bmp2b)和胶原蛋白 α‐1(IV)基因(col4a1)等;在脊椎转录组中还发现了 12 条潜在的调控通路,主要涉及发育、生长、细胞骨架和能量代谢,如 MAPK 信号通路、肌动蛋白细胞骨架调节和 TGF‐β 信号通路。这一研究结果对理解体型形成的遗传机制有参考价值,同时也为参与体型和骨骼发育的选择程序提供了潜在的候选基因。

1.2

鲕遗传改良研究

1.2.1 · 群体选育

群体选育是经典的遗传育种方法,也是许多品种选育方法的基础。根据育种目标,在现有品种或育种材料内出现的自然变异类型中,经比较鉴定,并通过多种选择方法选优去劣,从而选出优良的变异个体(张天时等,2019)。具体来说,研究者从原始群体中选择具有目标性状的个体(如头长、背厚、体高等)并对其编号标记,将其特点记录存档,以备对其后代进行跟踪检测。经过一段时间的培育,研究者再对所选对象进行复选,确认优良性状的稳定性,然后将选定的个体进行专池培育,并根据性状进行配组,完成一代繁殖。在目标性状表现明显的各个生长发育时期,研究者对每一对亲本的 F₁ 代进行仔细观察测定、严格优选和复选,保留几个、几十个甚至更多优良个体,使其成为具有优良性状的群体。个体经过数代选育后，入选的个体在目标性状上表现整齐一致，则目标品系初步形成。在形成品系的整个过程中工作量较大，需要逐代跟踪检测目标性状和优选个体。品系稳定遗传以后，经过大群体繁殖，参加对比试验，对个别表现优异但尚有分离的个体可继续对其进行选择，以后仍参加优良个体性状的选择（胡银茂，2006）。我国古代劳动人民使用表型选择等典型群体选育方法驯化和培育了一大批家养动物和养殖品种，许多鱼类新品种也是基于群体选育方法而获得的。

尽管群体选育在育种实践中具有巨大的创造性作用，但群体选育只能从现有品种群体中分离出最好的基因型或对现有品种和群体的个别性状进行改良，而不能有目的地创造或产生新的基因型。同时，群体选择不考虑选留个体的亲缘关系，难以平衡亲本（或家系）在子代群体中的贡献率，选择进程中容易造成有效群体降低，从而导致选育后期面临近交衰退的风险（Gjedrem，2005）。因此，该方法具有一定的局限性。尽管如此，群体选育仍作为常规选育的基础方法，通过对目标性状表型数据进行逐代选留，在许多条件下可获得较快的遗传进展。目前，我国的水产优良新品种中有相当比例是以群体选育方法综合培育而来的。对于一些世代周期不长的水产生物来说，选择育种的效果直观可见，其效率也较高。此外，如果将群体选育与杂交育种或现代育种方法如细胞工程育种、分子标记辅助育种等相结合，在许多水产养殖生物中都会产生良好的选育效果（Gjedrem 等，2012）。

鲥具有个体大、繁殖周期长、产卵量大等特点，开展群体选育需要长期且大量的经费投入，且选育进程较缓慢。朱文彬等（2020）在对鲥早期生长性状遗传参数估算中发现，鲥 30 日龄体重和体长的遗传力分别为 0.47 和 0.49，具有较大的选育空间；考虑到亲本对子代贡献率的不平衡现象，长期开展群体选育有可能导致有效亲本数量降低，进而导致近交系数上升，影响选育效果。因此，群体选育需要与其他选育技术结合。针对鲥的成活率、生长速度、品质、抗病性、头的大小等数量性状进行改良，须经过长期连续的定向选择才能达到选择目标。通过定向选择，针对某种质量或数量性状进行系统选育，积累有利的突变基因，选择有益的变异性状，才能尽可能缩短选育周期或减少选育工作量，从而显著改变原始群体的面貌，进而选育出新的品种。

1.2.2 · 家系选育

家系选育通常指人们在尽可能一致的环境条件下建立若干个家系，并对家系进行比较和测量观察，以家系为单位进行选择，将具有目标性状和优势性状的个体挑选出来作为亲本进行选育，逐代选择表现良好的个体（李学军等，2016）。近年来，家系选育因其系谱清晰、可延缓近交衰退和缩短育种年限、选育效果好并可为分子育种奠定基础等优点而受到广泛关注。家系选育实际是对基因型的选择。通过对优势基因型的富集，选育出的目标性状相关基因具较高的纯合度(楼允东,1999)。正确把握好近亲交配和品系的建立是家系选育的关键。一个近亲繁殖群体,如果不经选择,后代群体中的显性基因和隐性基因数目的比例并不会改变。但是,通过一对一交配建立家系,累积繁殖,使一些隐性基因纯合体出现的百分率增加,从而增加隐性性状的表现概率,这样可以加速淘汰一些不良基因,大大增加了优良性状相关基因的累积频率,最终获得优良的经济性状,这种家系就可称为纯系或纯种(孙效文,2010)。

为了使不同家系的遗传性状更具可比性,研究者要在尽可能相同的条件下进行家系选育,包括:不同家系亲本的交配产卵或人工授精的时间尽可能相同;放养鱼种的大小尽可能一致;各家系单养时,养殖鱼塘或水体的大小尽可能一致,并保证一定数量的重复试验。研究者最好用不同的标记方法(如电子标记、荧光标记和分子标记等)对不同家系标记后进行同塘混养,最大限度减少因养殖条件不同造成不同家系间的差异。由于家系选育牵涉的家系数一般都比较多,各家系之间不允许有混杂,因此选育时要建立系谱档案,以便能根据资料进行分析研究,得出可靠结论(范兆廷,2005)。国内外利用家系选育已经获得了许多比较好的结果,如对大西洋鲑 20 个家系中二倍体和三倍体的生长性状进行比较,结果表明,二倍体家系的平均体重显著高于三倍体(Friars 等,2001);对尼罗罗非鱼"吉富"品系 63 个全同胞家系进行研究,加性遗传方差显示"吉富"罗非鱼仍有较大选育价值(Ponzoni 等,2005);于飞等(2008)对大菱鲆 31 个家系进行选育,从中选出 1 号、6 号、26 号 3 个家系的生长速度显著高于其他家系;韦信键等(2013)对大黄鱼 32 个家系 1~6 月龄的生长性能进行比较,筛选出 3 个快速生长家系。朱文彬等(2020)基于亲子鉴定的系谱关系对鲟各繁殖组内家系间生长性状进行方差分析,结果表明,2 个繁殖组内家系间生长性状存在极显著差异;多重比较结果显示,部分家系间生长性状存在显著差异,具有实施家系选育的潜力。

家系选育中育种值的估算手段通常包括最佳线性无偏预测法(beset linear unbiased prediction,BLUP)、约束最大似然法和贝叶斯法等。通过估算育种值,可对选择效应进行有效预测。BLUP 法的原理就是将对观测值有影响的遗传效应(基因型、系谱信息等)、固定效应(池塘、性别等)和随机效应之和表示为观测值,称之为线性模型。结合子代和亲本的家系信息,BLUP 法能显著提高估计育种值的准确性,避免育种值和环境分开导致的偏倚,从而获得真实的育种值(黎火金,2013)。如福瑞鲤 2 号是采用 BLUP 育种和家系育种相结合的方法经过 5 代选育而成的新品种,选的每一代都比对照组的生长指标有显著提高,其中 F_5 代的体重比对照组高 19.5%(董在杰,2018)。约束最大似然法在鱼类家系选育中应用也较广泛,如田永胜等(2009)和马爱军等(2012)分别对牙鲆和虹鳟的不同家系进行了生长性状遗传参数估计。在方差估计中,该方法估计值的准确度比较高,但是在计算中要求的样本容量很大,这在一定程度上增加了运算的复杂程度。随着现代计算机技术的迅速发展,在家系选择育种中,经常将约束最大似然法和最佳线性无偏预测法等方法结合在一起使用,进而增加遗传参数的有效性(杨泽明等,2001)。贝叶斯法是同经典参数估计相对应的另一种方法,非常适合非线性模型中遗传参数的估计。该方法通常与其他方法相结合用于鱼类家系选育分析。姜再胜(2014)采用贝叶斯法估算不同家系虹鳟的遗传参数,得出虹鳟对鱼传染性造血器官坏死病抗病力的遗传力约为0.34。朱文彬等(2020)研究发现,鲌早期生长性状与其 BLUP 育种值存在极显著正相关,决定系数介于 0.61~0.68,认为通过表型选择在一定程度上也能获得有效的育种效果。

1.2.3 · 分子标记辅助选育

目前,在鲌的种质保护和遗传选育中,由于其具有个体较大、生长周期长等特点,采用传统的家系选育方法通常需占据较大空间,且管理强度和人力、物力相对较大。因此,育种学家尝试利用现代分子标记来开展亲子鉴定,建立选育的系谱关系,如微卫星标记、mtDNA 序列和 SNP 等。基于这些分子标记对鲌的群体遗传变异(张敏莹等,2013)、亲子鉴定(张丹等,2019)、遗传连锁图谱(Zhu 等,2015)和 QTL 定位信息(Liu 等,2016)等进行研究,为其种质改良和育种设计提供更多数据参考和辅助手段。

分子标记辅助选育(molecular assisted selection,MAS)是随着分子生物技术的出现,尤其是 PCR 技术的发明和广泛应用发展出来的育种辅助技术。通常分子标记指的是DNA 标记,主要是 SSR 和 SNP,近年来也包括一些性别特异性标记等。这些流行的 DNA遗传标记,与过去的生化遗传标记以及早期的 RAPD 等遗传标记相比,具有稳定、可靠、灵敏度高及可实现高通量化等特点。基于功能基因的 SNP 或 SSR 标记,又比非编码区的上述 DNA 遗传标记具有更大优势,因为这些与某个性状紧密关联的遗传标记直接与基因功能挂钩,对于解释性状的遗传基础和调控机制有很大帮助(童金苟和孙效文,2014)。分子标记辅助选育主要是通过分子标记对目标性状的基因型进行选择,能够排除非等位基因间的互作和环境因子的影响,具有准确性高、高效、经济等优点。利用分子标记辅助育种,首先要满足筛选的分子标记与目标基因之间紧密连锁,遗传距离最好小于 1 cM;其次标记的重复性和适用性要强,并且能高效地在多数个体检测(鲁翠云等,2019)。目前,已经开发出很多分子标记,被用于辅助育种、图谱构建和基因定位等研究。DNA 分子标记的种类很多,包括基于 DNA 杂交的 RFLP 分子标记,基于 PCR 的 STS、SCAR、SSR 分子标记,基于随机引物的 PCR 分子标记(如 ISSR、RAPD),基于限制性酶切技术和 PCR 结合的 DNA 分子标记(如 AFLP、CAPS 等),以及基于测序技术的新型 DNA 分子标记(如SNP、EST)。现阶段,多数研究以 PCR 产物的电泳检测 SSR 分型标记及高通量测序或芯片检测分型的 SNP 为主。鱼类等水产动物的生长、抗病和抗寒等重要经济性状都是由多基因数量性状基因(QTL)控制的,因此如果能够找到与这些重要经济性状相联系的分子标记,就有可能大大增强选种、育种的目的性和预测性,提高选育养殖品系的效率(鲁翠云等,2019)。

近年来,学者们以鲴为研究对象,通过候选基因或分子标记手段对亲本选择、图谱构建及生长体型等性状开展了一系列的研究。张立楠等(2011)为提高图谱质量,采用新开发的微卫星标记加密了鲢、鲴杂种亲本连锁图,其中雌性亲本鲴的连锁图标记数从 153个增加到 288 个,雄性亲本鲢的连锁图标记数从 271 个增加到 511 个;用鲢、鲴图谱共线性比较甄别出 22 个同源连锁群,且标记排列只存在轻微的重排现象。与模拟自然受精(种内杂种)相比,混精受精(种间杂种)可增加雄性亲本基因组范围的重组率,由此推测混精受精回避了精子竞争、强化了全基因组重排,不利于新形成的和已有的优良单倍型的保留,是鲢、鲴养殖性能退化的原因之一。Wang 等(2013)采用拟测交策略,以长江流域野生鲴(♀)和野生鲢(♂)为亲本,对 176 个 F_1 个体进行作图,采用 882 对 SSR 引物对群体进行基因分型,筛选到 297 个多态性标记,用于构建鲢、鲴性别平均连锁图谱、鲢雄性连锁图谱和鲴雌性连锁图谱。结果表明,鲢、鲴性别平均连锁图谱共定位 247 个微卫星标记,分布于 25 个连锁群(包括 2 个三联体和 2 个连锁对);鲴雌性连锁图谱共定位180 个微卫星标记,分布于 30 个连锁群中(4 个三联体和 9 个连锁对)。随后,作者进一步利用构建的鲢、鲴性别平均连锁图对鲢、鲴杂种的体重、体长、体高、体厚、头长、头高、腹棱长、胸鳍长、腹鳍长、尾鳍长和胸鳍到腹鳍之间的距离总共 11 个重要形态性状进行了 QTL 定位分析,发现 11 个 QTL 被定位到鲢、鲴性别平均连锁图谱的总共 6 个连锁群上,每个形态性状定位的 QTL 数目在 1~6 个之间,单个 QTL 的方差解释度为 9.1% ~23.8%(王军,2013)。这些研究结果为推动鲢、鲴分子遗传育种工作奠定了基础。此外,Liu 等(2016)使用 905 个 SSR 分子标记对鲴 F_1 代进行图谱绘制和 QTL 定位,共定位到24 个连锁群上,图谱总长度为 1 630.7 cM,平均标记间隔 1.8 cM,比 Zhu 等(2014)的图谱密度有进一步的提高,并且将鲴体长、体高、头长和体重 4 个数量性状定位到 LG9 和LG17 上,表型方差解释度为 18.6% ~25.5%。

SNP 因具有数量位点多、分布广和遗传多样性高等特点,是目前较为主流的分子遗传标记,广泛应用于水生动物抗病、生长、性别鉴定等方面。Liu 等(2012)克隆鉴定了鲴转化生长因子(MSTN)基因,并发现了 2 个 SNP,即位于内含子 2 上的 g.1668 T>C 和3′UTR 的 g.2770 C>A,关联分析表明,g.2770 C>A 的基因型与全长、体长和体重呈显著相关。Wang 等(2016)发现载脂蛋白(ApoA - Ib)基因的 2 个 SNP 对鲴的体重、体长等生长性状均有显著影响。Liu 等(2016)在鲴生长 QTL 分析中定位到 *TP53BP2* 基因以后,进

一步发现该基因外显子中的 1 个 SNP 与鲟的体重、体长、体高和头长显著相关。Fu 等
(2016)以鲟野生群体体外杂交构建了 117 个全同胞子代作为作图群体,3 121 个 SNP 分
子标记被分配到 24 个连锁群上,图谱总长度为 234 cM,平均标记间隔为 1. 27 cM(平均
0. 75 cM),与前面几位研究者相比,在标记密度上有了很大的提高,并且将与生长相关的
性状定位到第 3、第 11 和第 15 等 6 个连锁群上。

全基因组关联分析(genome - wide association studies,GWAS)具有标记多、可以全基
因组范围仔细筛查与性状相关变异位点的优点,更易获得基因所在区域,也就更有可能
获得决定性状的基因(朱文,2018)。因此,该方法出现后,尤其是在二代测序技术使测序
费用大幅降低后,很多生物学领域包括基础研究投入较少的水产动物遗传育种领域也很
快开展了此项研究,如 Houston、孙效文和刘占江等所在团队分别建立了安大略鳟、鲤和
斑点叉尾鲴的高通量 SNP 芯片作为开展 GWAS 研究的平台(Dupont 等,2009;Houston
等,2014;Xu 等,2014)。陈松林等(2018)建立了一种基于全基因组选择的鱼类抗病技
术,包振民等(2017)建立了基于全基因组分型技术的贝类选择育种技术,王志勇等
(2020)建立了大黄鱼基因组选择育种研究方案,等等。在鲟的相关研究中,Zhou 等
(2021)利用 776 个鲟个体和高通量 SNP 基因分型技术进行 GWAS 分析,以确定与头部
尺寸和头型性状(如头长、头宽、头高、头长/头高、头长/头宽、头长/体长)可能相关的基
因组区域和候选基因。结果表明,这些性状中大部分形态测量都呈明显相关性,GWAS
检测到 11 个极显著 SNP 和 12 个显著 SNP 与鲟头部尺寸有关,且这些 SNP 主要位于连
锁图谱 LG16 上,其中 4 个 SNP 在 3 个头部尺寸性状中普遍存在。在头长方面,4 个极显
著和 3 个显著性 SNP 位于 LG16;对于头宽,5 个极显著和 4 个显著性 SNP 分别在 LG3、
LG16 和 LG21 上被鉴定;对于头高,在 LG11 和 LG16 上检测到 2 个极显著和 5 个显著性
SNP;在头型方面,17 个 SNP 和 6 个 SNP 分别与头长/头高和头长/头宽显著相关,并从这
些 SNP 周围的鲟基因组区域发现了潜在的候选基因,包括 *ptch1*、*col9a1a*、*tgfbr2*、*hecw2a*、
zbtb42 和 *sema7a*。以上研究结果揭示了鱼类头部尺寸/形状性状的遗传结构,并有助于确
定候选基因,以便在未来培育头部更大的鲟时进行分子标记辅助选择。

1.2.4 · 雌核发育

雌核发育是一种特殊的生殖方式,通常指成熟卵子经精子激活产生只具有母系遗传
物质个体的有性生殖方式。雌核发育的鱼类没有减数分裂卵子,即卵子和一般的两性生
殖鱼类的单倍体卵子不同,染色体数目和体细胞的染色体数相同;外源精子进入卵子后,
仅起到激活和诱导作用,精核一般不与雌性原核融合,而是在胚胎发育过程中逐渐被排
斥,从而发育产生的后代与母本相似(曲木等,2019)。雌核发育包含天然和人工诱导两

种方式,墨西哥湾流域的亚马孙花鳉(*Poecilia formosa*)是迄今发现最早的天然雌核发育鱼类,之后在银鲫和花鳉属的一些种类里也有发现,其中异育银鲫(*Carassius auratus gibelio*)是天然雌核发育最具代表性的例子(吴仲庆,1991)。人工诱导是指采用物理、化学或生物方法,使精子的遗传物质失活,再以这种精子激活卵子,但精子不参与合子核的形成,卵子仅依靠雌核发育成胚胎(范兆廷和寮苏祥,1993)。在国内,雌核发育技术已应用于鱼类、贝类等多种水产经济动物的繁育中。雌核发育技术在快速建立纯系、性别控制和单性群体利用、确定性别遗传机制、基因定位和提高选种效率等方面具有独特的优势和应用价值(曲木等,2019)。

目前,针对鲟的雌核发育工作也陆续展开。严斌(2010)对普通鲟、红鲟和雌核发育红鲟3个种群的生物学特征和遗传多样性进行了分析,在红鲟和雌核发育红鲟的 mtDNA 基因组全序列测序中发现两种红鲟的基因组序列完全相同,全长均为 16 619 bp;其碱基比例:A = 31.64%,G = 15.94%,T = 25.32%,C = 27.10%,A+T = 56.96%,说明了线粒体严格的母性遗传现象。童金苟团队在前期进行微卫星(SSR)标记—着丝粒作图中发现,根据1代减数分裂雌核发育着丝粒作图估算的固定系数(F),鲟 F = 0.60,远高于其他一些经济鱼类(大黄鱼 F = 0.414,大菱鲆 F = 0.425,胡子鲶 F = 0.355,日本鳗鲡 F = 0.357),意味着鲟雌核发育的纯化效果比许多经济鱼类为高(Zhu 等,2013)。进一步采用两代雌核发育的策略发现,雌核发育不仅可大大加快鲟遗传同质性的步伐,达到快速驯化的目的;而且可固定对目标性状有利的基因,淘汰对生长等性状不利的隐性基因,这对性成熟周期较长的鲟等的育种工作意义更大(Pang 等,2022)。

1.2.5 · 多倍体选育

多倍体育种技术就是通过增加染色体组的方法来改造生物的遗传基础,从而培育出符合人们需要的优良品种。我国自 20 世纪 70 年代中期开始鱼类多倍体育种工作以来,迄今已获得草鱼、鲤、鲢、虹鳟、鲟、鲫、大鳞副泥鳅、牙鲆等 20 余种鱼类的三倍体或四倍体实验鱼,其中三倍体的异育银鲫、湘云鲫、湘云鲤已进入生产养殖阶段(王延晖,2017)。目前,鱼类多倍体的诱导方法主要包括生物、物理和化学方法。生物方法的有效途径包括远缘杂交、核移植和细胞融合。现阶段,通过杂交尤其是种间杂交是培育多倍体的主要手段。Rasch 等(1965)最早发现以草鱼为母本、鲟为父本进行杂交所得的 F_1 全部为三倍体(3n = 72),这一发现开启了远缘杂交产生鱼类多倍体的大门。物理方法是利用物理手段抑制鱼类受精卵正常分裂而获得多倍体后代的方法。常用的物理手段包括温度休克法(冷休克和热休克)、静水压法、高盐高碱法等(朱传忠和邹桂伟,2004)。化学方法是利用化学诱导剂抑制鱼类受精卵正常分裂而产生多倍体后代的方法。常用的化学诱导剂包括细胞松弛素 B（CB）、聚乙二醇（PEG）、6-二甲基氨基嘌呤（6-DMAP）、秋水仙素、咖啡碱等。这些药物通过阻止分裂沟形成、抑制细胞质的分裂，阻止了极体的释放而形成多倍体（孙远东等，2008）。

多倍体育种方法简单、技术可行、易于操作。多倍体鱼类对改善品质、加快生长速度、延长寿命、提高产量、控制过度繁殖、保持物种多样性、培育新品种等方面都具有重要意义，应用于水产养殖可以带来巨大的经济效益。但是，多倍体育种仍存在一些问题，如多倍体的繁殖调控机制复杂、三倍体不育具一定相对性、人工诱导多倍体产生的时间和刺激强度难以掌握、四倍体的诱导方法需不断改进和完善等，制约了该技术在生产上的大规模应用（陈乘，2014）。因此，多倍体育种应与性别控制、选育等技术结合，并深入解析多倍体形成的相关机制，进而培育出性状稳定的高品质新品种。

鳙种质资源保护面临的问题与保护策略

1.3.1 · 种质资源保护面临的问题

鳙作为我国传统的淡水养殖鱼类，自 1958 年"四大家鱼"人工繁殖陆续获得成功以来，渔民摆脱了长期依赖天然苗种的局面，"四大家鱼"养殖业迅速发展，其中长江成为提供鳙人工繁殖亲本群体的主要来源地，野生苗种的捕捞已处于次要位置（李思发等，1986）。但是，在经济利益的驱使下，一些原种场或良种场在保种和生产过程中，一味地追求鱼苗产量而忽视质量，不注重亲本的选优和更新，缺乏科学的育种规划，难以维持个体的系谱信息，使优质原、良种出现了较显著的遗传衰退，造成有效群体小、近交积累、种质混乱等问题，养殖苗种在生长、抗病力等方面表现出降低的趋势，原种利用率也逐步下降（廖亚明等，1994）。另一方面，为了社会经济发展，许多江、河、湖沿岸都兴建了大量的化工厂，工业废水和生活污水对水域环境造成了严重污染和破坏；水电站、围湖造田和过度不合理捕捞等各种人为因素对鳙的生存空间造成了压迫，野生鳙的种质资源持续衰退，主要表现在群体数量显著减少、群体结构不断简化、天然苗种数量锐减（李思发，2001）。随着水产养殖业的发展，如何保护野生资源使之可持续利用、如何最大限度地保持养殖群体的遗传多样性等问题，已成为人们日益关注的焦点。由此可见，在水域生态环境保护工作受到高度重视的时代背景下，开展鳙等重要养殖对象的种质资源保护工作显得极为重要。

1.3.2 · 种质资源保护策略

鱼类种质资源保护的核心是揭示物种的遗传多样性,并由此研究遗传多样性的丢失对物种进化可塑性的侵害和对环境适应能力的改变,寻求保护措施,达到鱼类遗传资源保护和可持续利用的目的(吴清江和桂建芳,1999)。所以,鳙种质资源保护的实质就是对鳙的种群生物量及生物多样性的保护。目前,鳙的天然生存环境受到人为干扰和破坏,野生资源呈逐年衰减的趋势,因此必须及时采取有效的措施来实现对鳙种质资源的保护。首先,应加强重视和提高认识,不仅通过渔业部门制定的相关法律法规对违法行为进行约束,还要加大保护野生鱼类资源的宣传力度,依靠水产工作者的积极努力进一步提高民众对鱼类资源保护的认知。如江苏省国家级原种场"邗江区长江水系家鱼原种场"就结合渔业局颁布了《草鱼、青鱼、鲢、鳙原种生产技术操作规程》,明确了以"四大家鱼"原种生产技术路线为标准精心组织生产的各项要求。其次,水产行业从业者必须严格贯彻执行休渔和禁渔等政策,提高对非法渔业捕捞等违法行为的监督和惩治力度。再次,应广泛开展鳙种质资源调查,为保护措施的制定提供理论依据。最后,加强养殖管理,避免养殖群体鳙外逃至野生环境中;在进行鳙人工增殖放流的前期要做好准确的评估,避免盲目放流对野生种质资源造成污染(朱文彬,2020)。

人工繁殖和放流是两种常见的应对种质资源减少的措施,世界上很多国家都从中获益,比如俄罗斯的细鳞鲑(*Brachymystax lenok*)、日本的虾夷扇贝(*Patinopecten yessoensis*)和牙鲆(*Paralichthys olivaceus*)等增殖投放试验都取得不错效果(方敏,2019)。在我国,增殖放流在三疣梭子蟹(*Portunus trituberculatus*)、中国对虾(*Fenneropenaeus chinensis*)和大黄鱼(*Larimichthys crocea*)等水产动物中也都取得了一定的成效(蔡珊珊,2015;马晓林,2016;赵国庆等,2018)。自2002年以来,为了恢复长江野生"四大家鱼"资源,并提高"四大家鱼"产量,我国已经有组织地开展了"四大家鱼"的人工放流工作。据统计,2016—2018年仅长江江苏段鳙增殖放流的累计投放量就超过1 000万尾(罗刚和张振东,2015)。然而,尽管增殖放流在一定程度上能有效补充长江鳙苗种资源的需求,但是,在人工增殖和放流过程中应该进一步有效控制放流群体的遗传来源、种质质量等,避免将长期人工养殖(繁殖)群体的子代放入自然水域。此外,大量鱼苗被投放到长江,其成活率、回捕率、贡献率和放流苗种对野生群体遗传结构的影响等问题是增殖放流效果和渔业资源生态风险评估工作的关注重点。如何准确鉴定回捕鱼中的个体是否来源于放流群体是评估增殖放流效果的关键,因此迫切需要对繁殖场鳙亲本的遗传多样性进行研究,正确评估引进鳙亲本与原种亲本之间的亲缘关系,采用科学、有效的育种方法培育出具有优良性状的鳙新品种是保持鳙种质资源可持续利用的有效途径。

鲢种质资源保护的目的,不仅是为了使鲢的渔业资源能够长久利用,也是为了满足人们对水产品不断增长的需求。针对目前鲢的种质资源现状,认为可以从以下两方面来提高鲢种质资源的利用效率。一方面,大力发展鲢的养殖业,降低对鲢野生群体种质资源的依赖。鲢养殖业的可持续发展才是对其种质资源开发利用的长久之计,这要依靠广大水产工作者通过不断的努力来提高鲢的养殖技术。另一方面,优良品种培育是实现鲢种质资源有效利用的重要手段。随着我国经济发展速度的不断加快,淡水渔业得到了充分的发展,其中大宗淡水鱼产业发展尤为迅猛。鲢的产量在淡水鱼类养殖总产量中占比较高,不仅可丰富人们的蛋白质来源,还可为提高人民生活水平、改善膳食结构发挥重要作用。同时,鲢以浮游生物为食,奠定了其在养殖产业中不可替代的作用。鲢对于水体中的大量藻类和浮游动物的摄食,可起到净化水体的作用。

综上所述,为建立健康、优质的鲢放流种苗繁育体系,首先要加强原种场的管理,控制亲本来源,利用分子生物学手段在进行优良品种培育的同时最大限度地维持群体的遗传多样性,使养殖产业健康、高效地持续发展。其次,原种场应严格管控人工选育过程,定期扩增或更换亲鱼基础群体,维持累积放流群体的高水平遗传多样性。再次,可参考"亲本种质遗传监测"相关的研究思路,并将其逐步纳入国家增殖放流技术操作规程中,建立完善的增殖放流种质保护机制,为后续可持续监测育种群体的阶段性遗传质量及构建健康、负责的增殖放流策略提供理论支持和数据参考。

(撰稿:董在杰、罗明坤)

2

鳊新品种选育

品种或繁育群体是水产养殖生产的重要生产资料,是企业生产和经营活动的物质基础。在水产养殖生产单位,一个品种构成一个或若干个繁育群体进行各种生产和经营活动。水产养殖的关键技术始于种苗繁育,水产遗传育种的首要目标是为水产养殖提供经济性状优良的新品种。

鳙在中国水产养殖业中具有重要地位,但存在性成熟年限长、个体大、繁殖力高等特点,一般生产单位或繁殖场难以实施规模化的人工选育工作,因此长期以来较少有育种进展的相关报道。随着长期的大规模人工繁殖和养殖,鳙的生长和体型等经济性状有所退化。尽管现代生物育种技术被越来越多地应用到鱼类育种,但选择育种仍是野生动物驯化和良种培育最基础和最有效的手段之一。雌核发育等细胞工程手段能加快基因组纯合,是野生鱼类驯化和新品种培育的有效技术之一。分子标记辅助技术可通过与经济性状关联的基因或分子标记辅助开展选择育种,能有效提高育种效果,在许多鱼类遗传育种和改良中均有应用。在我国,鳙的人工养殖长期依赖野生种质作为繁殖亲本。为了改变鳙长期缺乏优良品种的现状,中国科学研究院水生生物研究所和黄石市富尔水产苗种有限责任公司合作,把传统的群体选育与雌核发育、分子标记辅助选择等技术手段相结合,以长江野生鳙为基础群体开展选育和生产性对比养殖及中试养殖,培育出优质高产的新品种鳙"中科佳鳙1号"。

在"中科佳鳙1号"的培育过程中,首先收集来自长江中游的野生鳙作为原始亲本,对其进行选育。在育种过程中,采取群体选育和细胞工程育种为主,并结合分子标记辅助选择技术开展综合选育的方法,加快了对鳙驯化、遗传纯化和遗传改良的速度。具体而言,在连续开展2代群体选育(表型选育)的基础上,以表型选择继续开展2代的选育工作,获得具有优良生产性能的雄性亲本(父本)。同时,在2代群体选育的基础上,进一步连续开展2代人工雌核发育(减数分裂雌核发育),获得遗传纯度较高的雌性亲本(母本)。在此期间,在群体选育的第3代(F_3)和第4代(F_4),以及雌核发育 F_1 代(GF_1)和雌核发育 F_2 代(GF_2)的选育中,还采用了分子标记辅助技术,如结合生长和体型相关的 SNP 标记、基于微卫星标记的遗传评估、亲子鉴定和性别特异性标记的雌雄鉴别等。随后,利用群体选育获得的 F_4 雄性亲本与雌核发育获得的 GF_2 雌性亲本开展人工繁殖,获得"中科佳鳙1号"新品种苗种。

2.1 新品种选育技术路线

（1）亲本来源

"中科佳鳊 1 号"原始亲本均来自长江武汉—黄冈江段的野生鳊群体，其形态符合长江中游野生鳊的特征，体侧扁、稍高，头部占身体的比例较大，体色灰黑色。

（2）技术路线图

"中科佳鳊 1 号"新品种培育技术路线如图 2-1 所示。

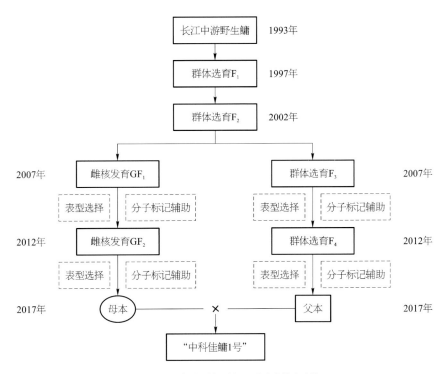

图 2-1 "中科佳鳊 1 号"品种培育技术路线

（3）培（选）育过程

1993 年以长江武汉市新洲区至黄冈市团风县江段采集的 20 000 尾野生鳊鱼苗为原始群体，以生长和头部大小为选育指标，在中国科学院水生生物研究所试验基地进行连续 4 代群体选育以及 2 代雌核发育。每一代群体选育和雌核发育分别在 6 月龄、18 月龄和 24 月龄进行 3 次选育,选育后期引入分子标记辅助技术。

具体选育节点:1993—1996 年,群体选育 F_0,留存率 2%。1997—2001 年,群体选育 F_1,留存率 0.04%。2002—2006 年,群体选育 F_2,留存率 0.04%。2007—2011 年,群体选育 F_3,留存率 0.03%;雌核发育 GF_1,留存率 1%。2012—2016 年,群体选育 F_4,留存率 0.08%;雌核发育 GF_2,留存率 1%。以群体选育 F_4 的雄性成熟个体作为父本,以雌核发育 GF_2 的雌性成熟个体作为母本,两者进行交配繁殖获得"中科佳鲌 1 号"新品种。

2017—2018 年进行小试养殖试验,2018—2020 年在湖北养殖区和江苏养殖区共 7 个试验点进行"中科佳鲌 1 号"生产性对比试验和中试养殖,与未经选育的对照组鲌相比,"中科佳鲌 1 号"生长速度平均快 14.5% ~ 16.9%,头长平均增加 5.5% ~ 8.9%。

新 品 种 特 性

▧ (1) 生物学特征

体侧扁,稍高,腹棱起自腹鳍基部至肛门。头肥大,头长为体长的 34% ~ 36%。口宽大,吻圆钝。眼小,位于头侧中轴之下。鳞小,侧线完全。鳃耙排列紧密,但不愈合,有黏膜褶(颚褶/鳃上器)。尾鳍深交叉。胸鳍末端远超过腹鳍基部。头、背部灰黑色,间有浅黄色泽,体两侧散布有黑色斑点,腹部银白色或有淡黑色斑点。脊椎骨总数 38 ~ 40;背鳍鳍式:D. iii‑7 ~ 8;臀鳍鳍式:A. iii‑11 ~ 15。侧线鳞鳞式:83(22 ~ 28)/(13 ~ 18) 121;左侧第一鳃弓外侧鳃耙数:217 ~ 293。鳔 2 室。下咽齿扁平,齿式 4/4。

属滤食鱼类,在自然条件下主要以浮游动物为食;养殖条件下主要摄食浮游动物,也摄食人工饵料碎屑或浮性饲料、腐屑、细菌及溶解性有机物。

▧ (2) 优良性状

在相同养殖条件下,"中科佳鲌 1 号"与未经选育的鲌相比,18 月龄商品鱼体重提高 14.5%、头长增加 5.5%。适宜在全国水温 10 ~ 30℃人工可控的淡水水体中养殖。

2.3 新品种养殖性能分析

2018—2019 年,在湖北省黄石市富尔水产苗种有限责任公司进行"中科佳鲂 1 号"小规模试验养殖。采用随机区组设计、同池比较方法进行,选取条件一致、面积分别为 3 300 m² 和 10 000 m² 的标准化池塘,分别进行鱼种养殖试验和成鱼养殖试验,主养鱼类均为异育银鲫"中科 5 号",主要搭养鱼类为"中科佳鲂 1 号"夏花和当地渔场生产的未选育鲂夏花鱼种(相同规格),另搭养少量鲢夏花鱼种。按照异育银鲫的常规养殖投喂人工配合饲料(蛋白含量 30%),另投喂浮性饲料。

2018 年进行"中科佳鲂 1 号"鱼种小规模养成试验。采用正交试验,选取池塘条件一致的 3 口鱼池(每个 3 300 m²),投放规格 4.0~4.5 cm 的"中科佳鲂 1 号"和黄石当地未选育鲂(对照组)各 500 尾/667 m²、异育银鲫"中科 5 号"8 000 尾/667 m²、鲢夏花鱼种 200 尾/667 m²。试验鱼("中科佳鲂 1 号")打 CWT 金属丝标记,对照组不打标记。2018 年 5 月 20 日投放苗种,12 月 30 日捕捞冬片鱼种,经过 7 个月的同塘养殖后,随机检测大规格鲂鱼种(冬片)养殖情况。结果表明,试验组平均体重(236±21)g(变异系数 8.9%),未选育的对照组鲂平均体重(201±30)g(变异系数 14.9%),"中科佳鲂 1 号"比对照组鲂生长速度快 17.41%;头部大小性状上,试验组头长(9.1±0.8)cm(变异系数 8.79%),对照组头长(8.5±1.2)cm(变异系数 14.29%),"中科佳鲂 1 号"比对照组鲂头长增加 8.33%。

2019 年进行"中科佳鲂 1 号"商品鱼成鱼小规模试验养殖。利用 2018 年试验养殖所获得的"中科佳鲂 1 号"试验鱼和对照组鲂大规格鱼种进行成鱼养殖试验。其中,带有 CWT 金属线码标记的为试验鱼("中科佳鲂 1 号"),不带标记的为对照组鲂(未选育群体)。利用 3 口面积均为 10 000 m² 的池塘,放养的大规格鱼种为鲂 120 尾/667 m²("中科佳鲂 1 号"和对照组鲂各占一半,分别为 60 尾/667 m²,规格平均为 201~236 g)、异育银鲫"中科 5 号"2 000 尾/667 m²、鲢 20 尾/667 m²。投放鱼种时间为 2018 年 12 月 30 日,捕捞时间为 2019 年 10 月 13 日。随机抽检结果表明,经过近 9 个月的养殖,试验组平均体重(1 788±161)g(变异系数 9.00%),未选育的对照组鲂平均体重(1 545±236)g(变异系数 15.28%),"中科佳鲂 1 号"比对照组鲂生长速度快 15.73%;头部大小性状上,试验组头长(13.1±1.2)cm(变异系数 9.16%),对照组头长(12.1±1.6)cm(变异系数 13.22%),"中科佳鲂 1 号"比对照组鲂头长增加 8.26%。

新品种"中科佳鲌 1 号"在选育完成并经过小规模同池试验养殖后,于 2019—2020 连续两年,每年生产"中科佳鲌 1 号"夏花鱼种 150 万尾、大规格(冬片)鱼种 20 万尾,提供给选定的湖北省和江苏省生产性对比养殖试验区域内的受试单位养殖,两年累计养殖水面共计 543 hm²(其中湖北省共计 197 hm²、江苏省共计 346 hm²)。在湖北省武汉市新洲区设立 3 个试验点,在枝江设立 1 个试验点;在江苏省南京和高邮分别设立 1 个试验点;多余的鱼种提供给其他地区的零星示范养殖单位养殖。在这些试验点分别开展稍有差异的养殖模式下,"中科佳鲌 1 号"与当地未经选育的对照鲌群体进行生长对比试验,所有模式的试验组("中科佳鲌 1 号")与当地对照组所使用的池塘条件(面积、设施、投喂管理等)相同,取样统计主要是在销售捕捞时随机抽样检测(约 50 kg)。

两年生产性对比试验结果表明,尽管不同的养殖模式下(如主养草鱼与主养异育银鲫的差别、不同蛋白饲料的差别、不同鱼种规格和密度的差别),"中科佳鲌 1 号"的生长速度和头长性状有所变化,但是在相同条件下进行比较,"中科佳鲌 1 号"比当地未经选育的对照鲌养殖群体的生长速度平均提高 14.5%、头长平均增加 5.5%,商品鱼产量、外观和体型品质显著提升,养殖效益较好,深受养殖者和市场欢迎。

(撰稿:傅建军、朱文彬)

3

鳤人工繁殖

3.1

人工繁育生物学

鱼类人工繁殖的成败主要取决于亲鱼的性腺发育状况,而性腺发育不仅受到内分泌激素的控制,也受营养和环境条件的直接影响。因此,亲鱼培育要遵守亲鱼性腺发育的基本规律,创造良好的营养和生态条件,促使其性腺生长发育。

3.1.1 · 精子和卵子的发育

▪ (1) 精子的发育

鱼类精子的形成过程可分为繁殖生长期、成熟期和变态期3个时期。

① 繁殖生长期:原始生殖细胞经过无数次分裂,形成大量的精原细胞,直至分裂停止。核内染色体变成粗线状或细线状,形成初级精母细胞。

② 成熟期:初级精母细胞同源染色体配对进行两次成熟分裂。第一次分裂为减数分裂,每个初级精母细胞(双倍体)分裂成2个次级精母细胞(单倍体);第二次分裂为有丝分裂,每个初级精母细胞各形成2个精子细胞。精子细胞比次级精母细胞小得多。

③ 变态期:精子细胞经过一系列复杂的过程变成精子。精子是一种高度特化的细胞,由头、颈、尾三部分组成,体型小,能运动。头部是激发卵子和传递遗传物质的部分。有些鱼类精子的前端有顶体结构,又名穿孔器,被认为与精子钻入孔内有关。

▪ (2) 卵子的发育

家鱼卵原细胞发育成为成熟卵子一般要经过3个时期,即卵原细胞增殖期、卵原细胞生长期和卵原细胞成熟期。

① 卵原细胞增殖期:此期卵原细胞反复进行有丝分裂,细胞数目不断增加,经过若干次分裂后,卵原细胞停止分裂,开始长大,向初级卵母细胞过渡。此阶段的卵细胞为第Ⅰ时相卵原细胞。以第Ⅰ时相卵原细胞为主的卵巢称为第Ⅰ期卵巢。

② 卵原细胞生长期:此期可分为小生长期和大生长期两个阶段。该期的生殖细胞称为卵母细胞。

小生长期:从成熟分裂前期的核变化和染色体的配对开始,以真正的核仁出现及卵细胞质的增加为特征,又称无卵黄期。以此时相卵母细胞为主的卵巢属于第Ⅱ期卵巢。主要养殖鱼类性成熟以前的个体,卵巢均停留在第Ⅱ期。

大生长期:此期的最大特征是卵黄的积累,卵母细胞的细胞质内逐渐蓄积卵黄直至充满细胞质。根据卵黄积累状况和程度,此期又可分为卵黄积累和卵黄充满两个阶段。前者主要特征是初级卵母细胞的体积增大、卵黄开始积累,此时的卵巢属于第Ⅲ期;后者的主要特征是卵黄在初级卵母细胞内不断积累并充满整个细胞质部分,此时卵黄生长即告完成,初级卵母细胞长到最终大小,此时的卵巢属于第Ⅳ期。

③ 卵原细胞成熟期:初级卵母细胞生长完成后,其体积不再增大,这时卵黄开始融合成块状,细胞核极化,核膜溶解。初级卵母细胞进行第一次成熟分裂,放出第一极体;紧接着进行第二次成熟分裂,并停留在分裂中期,等待受精。

成熟期进行得很快,仅数小时或十几小时便可完成,此时的卵巢称为第Ⅴ期。家鱼卵子停留在第二次成熟分裂中期的时间不长,一般只有 1~2 h。如果条件适宜,卵子能及时产出体外,完成受精并放出第二极体,成为受精卵;如果条件不适宜,卵子就成为过熟卵而失去受精能力。

家鱼成熟的卵子呈圆球形,微黄而带青色,半浮性,吸水前直径 1.4~1.8 mm。

3.1.2 · 性腺分期和性周期

(1) 性腺分期

为了便于观察鉴别鱼类性腺生长、发育和成熟的程度,通常将主要养殖鱼类的性腺发育过程分为 6 期,各期特征见表 3-1。

表 3-1 · 家鱼性腺发育的分期特征

分期	雄 性	雌 性
Ⅰ	性腺呈细线状,灰白色,紧贴在鳔下两侧的腹膜上;肉眼不能区分雌雄	性腺呈细线状,灰白色,紧贴在鳔下两侧的腹膜上;肉眼不能区分雌雄
Ⅱ	性腺呈细带状,白色,半透明;精巢表面血管不明显;肉眼已可区分出雌或雄	性腺呈扁带状,宽度比同体重雄性的精巢宽 5~10 倍;肉白色,半透明;卵巢表面血管不明显,撕开卵巢膜可见花瓣状纹理;肉眼看不见卵粒
Ⅲ	精巢白色,表面光滑,外形似柱状;挤压腹部,不能挤出精液	卵巢的体积增大,呈青灰色或褐灰色;肉眼可见小卵粒,但不易分离、脱落
Ⅳ	精巢已不再是光滑的柱状,宽大而出现皱褶,乳白色;早期仍挤不出精液,但后期能挤出精液	卵巢体积显著增大,充满体腔;鲤、鲫的呈橙黄色,其他鱼类的为青灰色或灰绿色;表面血管粗大可见;卵粒大而明显,较易分离

分期	雄　性	雌　性
V	精巢体积已膨大,呈乳白色,内部充满精液;轻压腹部,有大量较稠的精液流出	卵粒由不透明转为透明,在卵巢腔内呈游离状,故卵巢也具轻度流动状态;提起亲鱼,有卵从生殖孔流出
VI	排精后,精巢萎缩、体积缩小,由乳白色变成粉红色,局部有充血现象;精巢内可残留一些精子	大部分卵已产出体外,卵巢体积显著缩小;卵巢膜松软,表面充血;残存的、未排出的部分卵处于退化吸收的萎缩状态

▧ (2) 性周期

各种鱼类都必须生长到一定年龄才能达到性成熟,此年龄称为性成熟年龄。达性成熟的鱼第一次产卵、排精后,性腺即随季节、温度和环境条件发生周期性的变化,即性周期。

在池养条件下,性成熟的个体每年一般只有一个性周期。但在我国南方一些地方,经人工精心培育,鲌一年可催产 2~3 次。

从鱼苗养到鱼种,第一周龄时,性腺一般属于第Ⅰ期,但产过卵的亲鱼性腺不再回到第Ⅰ期。在未达性成熟年龄之前,卵巢只能发育到第Ⅱ期,没有性周期的变化。当达到性成熟年龄以后,产过卵或没有获得产卵条件的鱼,其性腺退化,再回到第Ⅱ期。秋末冬初卵巢由第Ⅱ期发育到第Ⅲ期,并经过整个冬季,至第二年开春后进入第Ⅳ期。第Ⅳ期卵巢又可分为初、中、末三个小期。第Ⅳ期初的卵巢,卵母细胞的直径约为 500 μm,核呈卵圆形,位于卵母细胞正中,核周围尚未充满卵黄粒;第Ⅳ期中的卵巢,卵母细胞直径增大为 800 μm,核呈不规则状,仍位于卵细胞的中央,整个细胞充满卵黄粒;第Ⅳ期末的卵巢,卵母细胞直径可达 1 000 μm 左右,卵已长足,卵黄粒融合变粗,核已偏位或极化。卵巢在Ⅳ初时,人工催产无效,只有发育到Ⅳ期中期,最好是Ⅳ期末,即当核已偏位或极化时,催产才能成功。卵巢从第Ⅲ期发育至第Ⅳ期末需 2 个多月的时间。从第Ⅳ期末向第Ⅴ期过渡的时间很短,只需几个至十几个小时。一次产卵类型的卵巢,产过卵后,卵巢内第Ⅴ时相的卵已产空,剩下一些很小的没有卵黄的第Ⅰ、第Ⅱ时相卵母细胞,当年不再成熟。多次产卵类型的卵巢,当最大卵径的第Ⅳ时相卵母细胞发育到第Ⅴ时相产出以后,留在卵巢中又有一批接近长足的第Ⅳ时相卵母细胞发育成熟,这样一年中可多次产卵。

3.1.3 · 性腺成熟系数与繁殖力

▧ (1) 性腺成熟系数

性腺成熟系数是衡量性腺发育好坏程度的指标,即性腺重占体重的百分数。性腺成熟系数越大,说明亲鱼的怀卵量越多。性腺成熟系数按下列公式计算。

$$成熟系数 = \frac{性腺重}{鱼体重} \times 100\%$$

$$成熟系数 = \frac{性腺重}{去内脏鱼体重} \times 100\%$$

上述两公式可任选一种,但应注明是采用哪种方法计算的。

鲥卵巢的成熟系数,一般第 Ⅱ 期为 1% ~ 2%;第 Ⅲ 期为 3% ~ 6%;第 Ⅳ 期为 14% ~ 22%,最高可达 30% 以上。但是,精巢成熟系数要小得多,第 Ⅳ 期一般只有 1% ~ 1.5%。

（2）怀卵量

分绝对怀卵量和相对怀卵量两种。亲鱼卵巢中的怀卵数称绝对怀卵量;绝对怀卵量与体重(g)之比为相对怀卵量。

$$相对怀卵量 = \frac{绝对怀卵量}{体重(g)}$$

鲥的绝对怀卵量一般很大,且随体重的增加而增加。当成熟系数为 20% 左右时,相对怀卵量为 120~140 粒/g 体重。长江地区鲥的怀卵量见表 3 - 2。

表 3 - 2 · 长江地区鲥的怀卵量

体重(kg)	卵巢重(kg)	怀卵量(万粒)	相对怀卵量(粒/g 体重)	成熟系数(%)
14.2	1.15	98.3	855	8.1
19.3	2.30	175.4	762	11.9
21.0	2.50	225.6	902	11.8
31.2	5.30	346.5	654	16.9

注:引自《中国池塘养鱼学》。

3.1.4 · 排卵、产卵和过熟

（1）排卵与产卵

排卵即指卵细胞在进行成熟变化的同时,成熟的卵子被排出滤泡而掉入卵巢腔的过程。此时的卵子在卵巢腔中呈滑动状态。在适合的环境条件下,游离在卵巢腔中的成熟卵子从生殖孔产出体外,叫产卵。

排卵和产卵是一先一后的两个不同的生理过程。在正常情况下,排卵和产卵是紧密衔接的,排卵后卵子很快就可产出。

（2）过熟

过熟通常包括两个方面,即卵巢发育过熟和卵过熟。前者指卵的生长过熟,后者为卵的生理过熟。

① 卵巢发育过熟:当卵巢发育到Ⅳ期中或末期,卵母细胞已生长成熟,卵核已偏位或极化,等待条件进行成熟分裂,这时的亲鱼已达到可以催产的程度。在这"等待期"内催产都能获得较好的效果。但等待的时间是有限的,过了"等待期",卵巢对催产剂不敏感,不能引起亲鱼正常排卵。这种由于催产不及时而形成的性腺发育过期现象,称卵巢发育过熟。卵巢发育过熟或尚未发育成熟的亲鱼,多是催而不产,即使有个别亲鱼产卵,其卵的数量极少、质量低劣甚至完全不能受精。

② 卵过熟:指排出滤泡的卵由于未及时产出体外而失去受精能力。一般排卵后,在卵巢腔中 $1\sim2\,h$ 为卵的适当成熟时间,这时的卵子称为"成熟卵";未到这时间的称"未成熟卵";超过这时间的即为"过熟卵"。

3.2

亲 鱼 培 育

亲鱼培育是指在人工饲养条件下,促使亲鱼性腺发育至成熟的过程。亲鱼性腺发育的好坏直接影响催产效果,是人工繁殖成败的关键,因此要切实抓好。

3.2.1 · 生态条件对鱼类性腺发育的影响

鱼类性腺发育与所处的环境关系密切。生态条件通过鱼的感觉器官和神经系统影响鱼的内分泌腺(主要是脑下垂体)的分泌活动,而内分泌腺分泌的激素又控制着性腺的发育。因此,在一般情况下,生态条件是性腺发育的决定因素。

常作用于鱼类性腺发育的生态因素有营养、温度、光照、水流等,这些因素都是综合地、持续地作用于鱼类。

（1）营养

营养是鱼类性腺发育的物质基础。当卵巢发育到第Ⅲ期以后（即卵母细胞进入大生长期），卵母细胞要沉积大量的营养物质——卵黄，以供胚胎发育的需要。卵巢长足时约占鱼体重的 20%。因此，亲鱼需要从外界摄取大量的营养物质，特别是蛋白质和脂肪，供其性腺发育。

（2）温度

温度是影响鱼类成熟和产卵的重要因素。鱼类是变温动物，通过温度的变化，可以改变鱼体的代谢强度，加速或抑制性腺发育和成熟的过程。卵母细胞的生长和发育正是在环境水温下降而身体细胞停止或降低生长率的时候进行的。

性成熟年龄与水温（总热量）的关系非常密切。对已性成熟的亲鱼，水温越高，其性腺发育的周期及成熟所需的时间就越短。温度与鱼类排卵、产卵也有密切的关系。即使鱼的性腺已发育成熟，但如温度达不到产卵或排精阈值，也不能完成生殖活动。每一种鱼在某一地区开始产卵的温度是一定的，产卵温度的到来是产卵行为的有力信号。

（3）光照

光照对鱼类的生殖活动具有相当大的影响力，其生理机制也比较复杂。一般认为，光周期、光照强度和光的有效波长对鱼类性腺发育均有影响。光照除了影响鱼类性腺发育成熟外，对产卵活动也有很大影响。通常，鱼类一般在黎明前后产卵，如果人为地将昼夜倒置数天之后，产卵活动也可在"人为"的黎明产卵，这或许是昼夜人工倒置后脑垂体昼夜分泌周期也随之进行昼夜调整所致。

（4）水流

亲鱼在性腺发育的不同阶段要求不同的生态条件，第Ⅱ至第Ⅳ期卵巢，营养和水质等条件是主要的，流水刺激不是主要因素。因此，栖息在江河湖泊和饲养在池塘内的亲鱼性腺都可以发育到第Ⅳ期。但是，栖息在天然条件下的鱼缺乏流水刺激或饲养在池塘里的鱼不经人工催产，性腺就不能过渡到第Ⅴ期，也不能产卵。因此，当性腺发育到第Ⅳ期时，流水刺激对性腺的进一步发育成熟很重要。在人工催产条件下，亲鱼饲养期间常年流水或产前适当加以流水刺激，对性腺发育、成熟和产卵，以及提高受精率都具有促进作用。

3.2.2 · 亲鱼的来源与选择

鳙亲鱼来自国家级"四大家鱼"原(良)种场培育的亲本。要得到产卵量大、受精率高、出苗率多、质量好的鱼苗,保持养殖鱼类生长快、肉质好、抗逆性强、经济性状稳定的特性,必须认真挑选合格的亲鱼。挑选时,应注意如下几点。

第一,所选用的亲鱼外部形态一定要符合鱼类分类学上的外形特征,这是保证该亲鱼确属良种的最简单方法。

第二,由于温度、光照、食物等生态条件对个体的影响,以及种间差异,鱼类性成熟的年龄和体重有所不同,有时甚至差异很大。

第三,为了杜绝个体小、早熟的近亲繁殖后代被选作亲鱼,一定要根据国家和行业已颁布的标准选择(表3-3)。

表3-3 · 鳙成熟年龄和体重

开始用于繁殖的年龄(足龄)		开始用于繁殖的最小体重(kg)		用于人工繁殖的最高年龄(足龄)
雌	雄	雌	雄	
6	5	10	8	22

注: 我国幅员辽阔,南北各地的鱼类成熟年龄和体重并不一样。南方成熟早,个体小;北方成熟晚,个体较大。表中数据是长江流域的标准,南方或北方可酌情增减。

第四,雌雄鉴别。总的来说,养殖鱼类两性的外形差异不大,细小的差别,有的终生保持,有的只在繁殖季节才出现,所以雌雄不易分辨。目前,主要根据追星(也叫珠星,是由表皮特化形成的小突起)、胸鳍和生殖孔的外形特征来鉴别雌雄(表3-4)。

表3-4 · 鳙雌雄特征比较

生 殖 季 节		非 生 殖 季 节	
雄 性	雌 性	雄 性	雌 性
胸鳍内侧有骨质刀状突起,有割手感;鳃盖、眼眶边缘有细小的追星	手摸胸鳍,有光滑感	同生殖季节,但无追星	同生殖季节

第五,亲鱼必须健壮无病,无畸形缺陷,鱼体光滑,体色正常,鳞片、鳍条完整无损,因捕捞、运输等原因造成的擦伤面积越小越好。

第六,根据生产鱼苗的任务确定亲鱼的数量。常按亲鱼产卵 5 万~10 万粒/kg 估计所需雌亲鱼数量,再以 1∶(1~1.5)的雌雄比算出雄亲鱼数。亲鱼不要留养过多,以节约开支。

3.2.3 · 亲鱼培育池的条件与清整

亲鱼培育池应靠近产卵池,环境安静,便于管理,有充足的水源,排灌方便,水质良好、无污染,池底平坦,水深为 1.5~2.5 m,面积为 1 333~3 333 m²。培育池可以有一些淤泥,既增强保水性,又利于培肥水质。

鱼池清整是改善池鱼生活环境和改良池水水质的一项重要措施。每年在人工繁殖生产结束前,抓紧时间干池 1 次,清除过多的淤泥,并进行整修,再用生石灰彻底清塘,以便再次使用。

培育池应施基肥,施肥量由鱼池情况、肥料种类和质量决定。

3.2.4 · 亲鱼培育方法

☰ (1) 放养方式和放养密度

亲鱼应雌雄混合放养,放养密度因塘、因种而异,通常放养量为 80~100 kg / 667 m²。鳙亲鱼的放养情况见表 3-5。

表 3-5 · 亲鱼放养密度和放养方式

水深(m)	放 养 量		放 养 方 式
	重量(kg/667 m²)	数量(尾/667 m²)	
1.5~2.5	80~100	10~15	鳙亲鱼池中不得混养鲢

注:表中的放养量为上限,不得超过。如适当降低,培养效果更佳。

☰ (2) 亲鱼培育

① 技术要点:鳙以浮游生物为主要食物,所以采用施肥为主的培育方法。有时为补充亲鱼的营养需要,可适当投喂一些精料。常用肥料是发酵后的畜禽粪肥及绿肥和无机肥。精料,主要用豆饼磨浆投喂。在放养前 7~10 天,最少施粪肥 100~150 kg/667 m²,或绿肥 200~250 kg/667 m² 作为基肥。以后,按晴天中午池水透明度能保持在 20~25 cm 作为标准,采取少量多次的方法酌施追肥。夏、秋季,亲鱼性腺从产

后(Ⅵ期)渐退化至Ⅱ(Ⅲ)期,又从Ⅱ(Ⅲ)期开始向Ⅲ(Ⅳ)期发育,因这段时间水温高、代谢旺盛,每月需追施粪肥 750~1 000 kg/667 m^2。入冬前为保证性腺继续发育的营养需要和安全越冬,仍需重施追肥。入冬后,只施少量追肥以维持水质,保证亲鱼不会掉膘。为补充天然饵料的不足,在产前、产后和越冬期间均需适当补充精料。鱼池全年精料的用量为 200~300 kg/667 m^2。每天投饲量为鱼体重量的 2%~4%。产后,为迅速恢复体力,可每天投喂 2 次,其他时间投喂 1 次。培育亲鱼同样要求肥、活、嫩、爽的水质,故需定期注水,避免水质老化和泛池,并借注水促进性腺发育。夏、秋季,每月至少注水 2 次;冬季可不加注新水,但越冬前要加满池水;开春后要酌施肥料,一般每次施尿素 2.5 kg/667 m^2 和过磷酸钙 5 kg/667 m^2,使池水迅速转肥;临产前 1 个月,每周冲水 1~2 次,每次 2~4 h;产前半月,冲水次数应酌情增加,必要时甚至隔天或每天冲水,要绝对防止出现浮头现象。大量冲水时,为保持池水肥度,可抽本塘池水回冲,或用相邻两池水互冲。

② 日常管理:亲鱼培育是一项常年细致的工作,必须专人管理。管理人员要经常巡塘,掌握每个池塘的情况和变化规律。根据亲鱼性腺发育的规律,合理地进行饲养管理。亲鱼的日常管理工作主要有巡塘、喂食、施肥、调节水质、鱼病防治等。

巡塘:一般每天清晨和傍晚各 1 次。由于 4—9 月的高温季节易泛池,所以夜间也应巡塘,特别是闷热天气和雷雨时更应如此。

喂食:投食做到"四定",即定位、定时、定质、定量。要均匀喂食,并根据季节和亲鱼的摄食量灵活掌握投喂量。可将精饲料磨成粉状直接均匀地撒在水面上,但当天吃不完的饲料要及时清除。

施肥:鳡亲鱼放养前要结合清塘施足基肥,基肥量根据池塘底质的肥瘦而定。放养后,要经常追肥,追肥应以勤施、少施为原则,做到冬夏少施、暑热稳施、春秋重施。施肥时注意天气、水色和鱼的动态。天气晴朗、气压高且稳定、水不肥或透明度大、鱼活动正常,可适当多施;天气闷热、气压低或阴雨天,应少施或停施。水呈铜绿色或浓绿色、水色日变化不明显、透明度过低(25 cm 以下),则属"老水",必须及时更换部分新水,并适量施有机肥。通常采用堆肥或泼洒等方式施肥,但以泼洒为好。

水质调节:当水色太浓、水质老化、水位下降或鱼严重浮头时,要及时加注新水或更换部分塘水。在亲鱼培育过程中,特别是培育后期,应常给亲鱼池注水或微流水刺激。

鱼病防治:要特别加强亲鱼的防病工作,一旦亲鱼发病,当年的人工繁殖就会受到影响,因此对鱼病要以防为主、防与治结合、常年进行,特别在鱼病流行季节(5—9 月)更应予以重视。

3.3

人 工 催 产

亲鱼经过培育后,性腺已发育成熟,但在池塘内仍不能自行产卵,必须经过人工注射催产激素后方能产卵繁殖。因此,催产是家鱼人工繁殖中的一个重要环节。

3.3.1 · 人工催产的生物学原理

鱼类的发育呈现周期性变化,这种变化主要受垂体性激素的控制,而垂体的分泌活动又受外界生态条件变化的影响。

鳡之所以能在江河中自然繁殖,是因为这些江河具备了它们繁殖时所需要的综合生态条件(如水的流速、水位的骤变等)。也就是说,鳡的繁殖是受外界生态条件制约的,当一定的生态条件刺激鱼的感觉器官(如侧线鳞、皮肤等)时,这些感觉器官的神经就产生冲动,并将这些冲动传入中枢神经,刺激下丘脑分泌促性腺激素释放激素。这些激素经垂体门静脉流入垂体,垂体受到刺激后分泌促性腺激素,并通过血液循环作用于性腺,促使性腺迅速发育成熟,最后产卵、排精。同时,性腺也分泌性激素,性激素反过来又作用于神经中枢,使亲鱼进入性活动——发情、产卵。

根据鳡自然繁殖的一般生物学原理,考虑到池塘中的生态条件,通过人工的方法将外源激素(鱼类脑垂体、绒毛膜促性腺激素和促黄体素释放激素类似物等)注入亲鱼体内,代替(或补充)鱼体自身下丘脑和垂体分泌的激素,促使亲鱼的性腺进一步成熟,从而诱导亲鱼发情、产卵或排精。

对鱼体注射催产剂只是替代了鳡繁殖时所需要的部分生态条件,而影响亲鱼新陈代谢所必需的生态因子(如水温、溶氧等)仍需保留,这样才能使鱼性腺成熟和产卵。

3.3.2 · 催产剂的种类和效果

目前用于鱼类繁殖的催产剂主要有绒毛膜促性腺激素(HCG)、鱼类脑垂体(PG)、促黄体素释放激素类似物(LRH－A)等。

（1）绒毛膜促性腺激素

HCG 是从怀孕 2～4 个月的孕妇尿中提取出来的一种糖蛋白激素,分子量为 36 000 左右。HCG 直接作用于性腺,具有诱导排卵作用;同时,也具有促进性腺发育,以及促使雌、雄性激素产生的作用。

HCG 是一种白色粉状物,市场上销售的鱼(兽)用 HCG 一般封装于安瓿瓶中,以国际单位(IU)计量。HCG 易吸潮而变质,因此要在低温、干燥、避光处保存,临近催产时取出备用。储量不宜过多,以当年用完为好。隔年产品影响催产效果。

（2）鱼类脑垂体

① 鱼类脑垂体的位置、结构和作用: 鱼类脑垂体位于间脑的腹面,与下丘脑相连,近似圆形或椭圆形,乳白色。整个垂体分为神经部和腺体部。神经部与间脑相连,并深入到腺体部。腺体部又分前叶、间叶和后叶三部分(图 3 - 1)。鱼类脑垂体内含多种激素,对鱼类催产最有效的成分是促性腺激素(GtH)。GtH 含有两种激素,即促滤泡激素(FSH)和促黄体素(LH)。它们直接作用于性腺,可以促使鱼类性腺发育,促进性腺成熟、排卵、产卵或排精,并控制性腺分泌性激素。一般采用在分类上较接近的鱼类,如同属或同科的鱼类脑垂体作为催产剂,效果较显著,所以在鲌人工繁殖生产中,广泛应用鲤科鱼类如鲤、鲫的脑垂体。

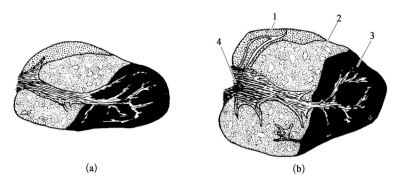

（a）   （b）

图 3 - 1 · 脑垂体
（a）鲤脑垂体;（b）草鱼脑垂体
1. 前叶;2. 间叶;3. 后叶;4. 神经部

② 脑垂体的摘取和保存: 摘取鲤、鲫脑垂体的时间通常选择在产卵前的冬季或春季为好。脑垂体位于间脑下面的碟骨鞍里,用刀沿眼上缘至鳃盖后缘的头盖骨水平切开(图 3 - 2),除去脂肪,露出鱼脑,用镊子将鱼脑的一端轻轻掀起,在头骨的凹窝内有一个

白色、近圆形的垂体,小心地用镊子将垂体外面的被膜挑破,然后用镊子从垂体两边插入,慢慢挑出垂体,应尽量保持垂体完整、不破损。

也可将鱼的鳃盖掀起,用自制的"挖耳勺"(即将一段 8 号铁丝的一段锤扁,略弯曲成铲形)压下鳃弭,并插入鱼头的碟骨缝中,将碟骨挑起,便可露出垂体,然后将垂体挖去。此法取垂体速度快,不会损伤鱼体外形,值得推广。

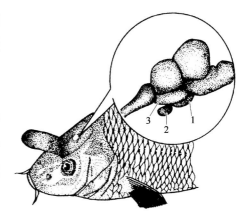

图 3-2 · 脑垂体摘除方法
1. 间脑;2. 下丘脑;3. 脑垂体

取出的脑垂体应去除黏附在上的附着物,并浸泡在 20~30 倍体积的丙酮或乙醇中脱水脱脂,过夜后,更换同样体积的丙酮或无水乙醇,再经 24 h 后取出,在阴凉通风处彻底吹干,密封、干燥、4℃下保存。

(3) 促黄体素释放激素类似物

LRH－A 是一种人工合成的九肽激素,分子量约 1 167。由于它的分子量小,反复使用不会产生耐药性,对温度的变化敏感性较低。应用 LRH－A 作催产剂不易造成难产等现象发生,不仅价格比 HCG 和 PG 便宜、操作简便,而且催产效果大大提高、亲鱼死亡率也大大下降。

近年来,我国又在 LRH－A 的基础上研制出 LRH－A$_2$ 和 LRH－A$_3$。实践证明,LRH－A$_2$ 对促进 FSH 和 LH 释放的活性分别较 LRH－A 高 12 倍和 16 倍;LRH－A$_3$ 对促进 FSH 和 LH 释放的活性分别较 LRH－A 高 21 倍和 13 倍。LRH－A$_2$ 的催产效果显著,而且其使用剂量仅为 LRH－A 的 1/10;LRH－A$_3$ 对促进亲鱼性腺成熟的作用比 LRH－A 好得多。

(4) 地欧酮

地欧酮(DOM)是一种多巴胺抑制剂。研究表明,鱼类下丘脑除了存在促性腺激素释放激素(GnRH)外,还存在相对应的抑制它分泌的激素,即"促性腺激素释放激素的抑制激素"(GRIH)。它们对垂体 GtH 的释放和调节起了重要的作用。目前的试验表明,多巴胺在硬骨鱼类中起着与 GRIH 同样的作用。它既能直接抑制垂体细胞自动分泌,又能抑制下丘脑分泌 GnRH。采用地欧酮就可以抑制或消除促性腺激素释放激素抑制激素(GRIH)对下丘脑促性腺激素释放激素(GnRH)的影响,从而增加脑垂体的分泌,促使性腺发育成熟。生产上地欧酮不单独使用,主要与 LRH－A 混合使用,以进一步增加其活性。

■（5）常用催产激素效果的比较

促黄体素释放激素类似物(LRH－A)、垂体(PG)、绒毛膜促性腺激素(HCG)等都可用于草鱼、鲢、鳙、青鱼、鲤、鲫、鲂等主要养殖鱼类的催产,但对不同的鱼类,其实际催产效果各不相同。

脑垂体对多种养殖鱼类的催产效果很好,并有显著的催熟作用。在水温较低的催产早期,或亲鱼一年催产两次时,使用脑垂体的催产效果比绒毛膜促性腺激素好,但若使用不当,常易出现难产。

绒毛膜促性腺激素对鳙的催产效果与脑垂体相同。催熟作用不及垂体和促黄体素释放激素类似物。

促黄体素释放激素类似物对鳙的催熟和催产效果都很好。对已经催产过几次的鳙,其效果不及绒毛膜促性腺激素和脑垂体。促黄体素释放激素类似物为小分子物质,具有副作用小、可人工合成、药源丰富的特点,现已成为主要的催产剂。

上述几种激素互相混合使用,可以提高催产率,且效应时间短、效果稳定,不易发生半产和难产。

3.3.3 · 催产季节

在最适宜的季节进行催产,是人工繁殖取得成功的关键之一。长江中下游地区适宜催产的季节是 5 月上中旬至 6 月中旬,华南地区约提前 1 个月。催产水温 18~30℃ ,而以 22~28℃ 最适宜(催产率、出苗率高)。生产上可采取以下判断依据来确定最适催产季节: ① 如果当年气温、水温回升快,催产日期可提早些。反之,催产日期相应推迟。② 亲鱼培育工作做得好,亲鱼性腺发育成熟就会早些,催产时期也可早些。通常在计划催产前 1~1.5 个月对典型的亲鱼培育池进行拉网,检查亲鱼性腺发育情况,并据此推断其他培育池亲鱼性腺发育情况,进而确定催产季节和亲鱼催产先后顺序。

3.3.4 · 催产前的准备

■（1）产卵池

要求靠近水源,排灌方便,又近培育池和孵化场地。在进行鱼类繁殖前,应对产卵池进行检修,即铲除池水积泥,捡出杂物;认真检查进、排水口及管道、闸阀,以保畅通、无渗漏;装好拦鱼网栅、排污网栅,严防松动逃鱼。

（2）工具

① 亲鱼网：苗种场可配置专用亲鱼网。亲鱼网与一般成鱼网的不同在于：网目小，为 1.0~1.5 cm，以减少鳞片脱落和撕伤鳍膜；网线要粗而轻，用 2 mm×3 mm 或 3 mm×3 mm 的尼龙线或维尼纶线，不用聚乙烯线或胶丝；需加盖网，网高 0.8~1.0 m，装在上纲上，用短竹竿等撑起，防止亲鱼跳出。产卵池的专用亲鱼网长度与产卵池相配，网衣可用聚乙烯网布，形似夏花网。

② 布夹（担架）：以细帆布或厚白布做成，长 0.8~1.0 m、宽 0.7~0.8 m。宽边两侧，布边向内折转少许，并缝合，供穿竹、木提杆用；长的一端，有时左右相连，作亲鱼头部的放置位置（也有两端都相连的，或都不连的）。在布的中间，即布夹的底部中央，是否开孔，应视各地习惯与操作而定。详见示意图 3-3。

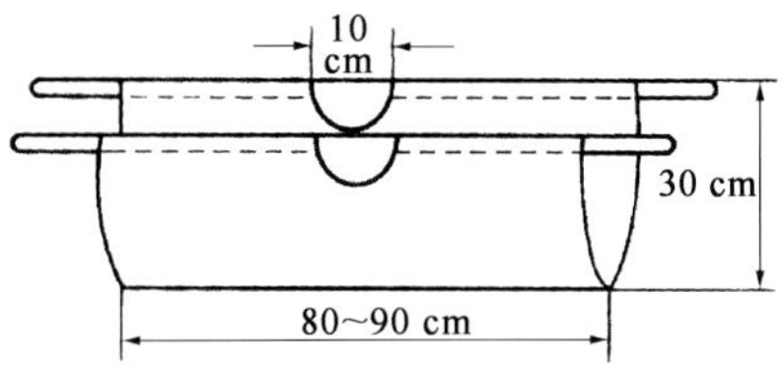

图 3-3·亲鱼布夹示意

③ 卵箱：卵箱有集卵箱和存卵箱两种，均形似一般网箱，用不漏卵、光滑耐用的材料作箱布，如尼龙筛绢等。

集卵箱：从产卵池直接收集鱼卵，底面积为 0.25~0.5 m²，深为 0.3~0.4 m，箱的一侧留一直径 10 cm 的孔，供连接导卵布管用。导卵布管的另一端与圆形产卵池底部的出卵管相连，是卵的通道。

存卵箱：把集卵箱已收集的卵移入箱内，让卵继续吸水膨胀。集中到一定数量后，经过数后再移入孵化箱。存卵箱的箱体比集卵箱大，常用 1 m×0.7 m×0.6 m 左右的规格。

④ 其他：如亲鱼暂养网箱，卵和苗计数用的白碟、量杯等常用工具，催产用的研钵、注射器，以及人工授精所需的受精盆、吸管等。

（3）成熟亲鱼的选择和制定合理的催产计划

亲鱼成熟度的鉴别方法，以手摸、目测为主。

① 雄鱼：轻压雄鱼下腹部，见乳白色、黏稠的精液流出，且遇水后立即迅速散开的，是成熟度好的雄鱼；当轻压时挤不出精液，增大挤压力才能挤出，或挤出的为黄白色精液，或虽呈乳白色但遇水不化，都是成熟度欠佳的雄鱼。

② 雌鱼：当用手在水中抚摸雌鱼腹部，凡前、中、后三部分均已柔软的，可认为已成熟；如前、中腹柔软，表明还不成熟；如腹部已过软，则已过度成熟或已退化。为进一步确认，可把鱼腹部向上仰卧水中，轻抚腹部出水，凡腹壁两侧明显胀大，腹中线微凹的，是卵巢体积增大，现出卵巢下垂轮廓所致；此时轻拍鱼腹可见卵巢晃动，手摸下腹部具柔软而

有弹性的感觉,生殖孔常微红、稍凸,这些都表明成熟度好。如腹部虽大,但卵巢轮廓不明显,说明成熟度欠佳,尚需继续培育;如生殖孔红褐色,是有低度炎症;如生殖孔紫红色,是红肿发炎严重所致,需清水暂养,及时治疗。鉴别时,为防止误判,凡摄食量大的鱼类,要停食 2 天后再检查。

生产上也可利用挖卵器(图 3 - 4)直接挖出卵子进行观察,以鉴别雌亲鱼的成熟度。挖卵器用铜制成,头部用直径 0.4 cm、长 2 cm 的铜棒挖成空槽,空槽的尺寸为槽长

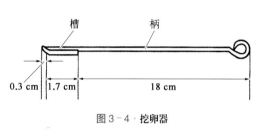

图 3 - 4 · 挖卵器

1.7 cm、宽 0.3 cm、深 0.25 cm,再将头部锉成钝圆形,槽两边锉成刀刃状,便于刮取卵块。柄长 18 cm,握手处卷成弯曲状,易于握紧。挖卵器的头部也可用薄铜片卷成凹槽,再将两头用焊锡封住。简单的挖卵器也可用较长的羽毛切削而成。操作时将挖卵器准确而缓慢地插入生殖孔内,然后向左或右偏少许,伸入一侧的卵巢约 5 cm,旋转几下抽出,即可得到少量卵粒。将卵粒放在玻璃片上,观察大小、颜色和核的位置,若大小整齐、大卵占绝大部分、有光泽、较饱满或略扁塌、全部或大部分核偏位,则表明亲鱼成熟较好;若卵大小不齐,互相集结成块状,卵不易脱落,表明尚未成熟;若卵过于扁塌或呈糊状、无光泽,则表明亲鱼卵巢已趋退化,凡属此类亲鱼,催产效果和孵化率均较差。

鱼类在繁殖季节内成熟、繁殖,无论先后均属正常。由于个体发育的速度差异,整个亲鱼群常会陆续成熟,前后的时间差可达 2 个月左右。为合理利用亲鱼,常在繁殖季节里把亲鱼分成 3 批进行人工繁殖。早期,水温低,选用成熟度好的鱼先行催产;中期,绝大多数亲鱼已相当成熟,只要腹部膨大的皆可催产;晚期,由于都是发育差的亲鱼,怀卵量少,凡腹部稍大的皆可催产。这样安排,既可避免错过繁殖时间导致性细胞过熟而退化,又可保证不同发育程度的亲鱼都能适时催产,把生产计划落实在可靠的基础上。

（4）催产剂的制备

鱼类催产剂 PG、LRH - A 和 HCG 必须用注射用水(一般用 0.6%氯化钠溶液,近似于鱼的生理盐水)溶解或制成悬浊液。注射液量控制在每尾亲鱼注射 2~3 ml 为度。若亲鱼个体小,注射液量还可适当减少。应当注意不宜过浓或过稀。过浓,注射液稍有浪费会造成剂量不足;过稀,大量的水分进入鱼体,对鱼不利。

配置 HCG 和 LRH - A 注射液时,将其直接溶解于生理盐水中即可。配置 PG 注射液时,将脑垂体置于干燥的研钵中充分研碎,然后加入注射用水制成悬浊液备用。若进一步离心,弃去沉渣取上清液使用更好,可避免堵塞针头,并可减少异源蛋白所起的副作

用。注射器及配置用具使用前要煮沸消毒。

3.3.5 · 催产

（1）雌雄亲鱼配组

催产时,每尾雌鱼需搭配一定数量的雄鱼。如果采用催产后由亲鱼自由交配产卵方式,雄鱼要稍多于雌鱼,一般采用1∶1.5比较好;若雄鱼较少,雌雄比例不应低于1∶1。同时,应注意同一批催产的雌、雄鱼,个体重量应大致相同,以保证繁殖动作的协调。如果采用人工授精方式,雄鱼可少于雌鱼,1尾雄鱼的精液可供2~3尾同样大小的雌鱼卵子受精。

（2）确定催产剂和注射方式

凡成熟度好的亲鱼,只要1次注射就能顺利产卵;成熟度尚欠理想的可用2次注射法,即先注射少量的催产剂催熟,然后再行催产。成熟度差的亲鱼应继续强化培育,不应依赖药物作用,且注入过多的药剂并不一定能起催熟作用;相反,轻则影响亲鱼以后对药物的敏感性,重则会造成药害或死亡。

亲鱼对不同药物的敏感程度存在种间差异,故选用何种催产剂应视鱼而异。鲟对HCG较敏感。

催产剂的用量,除与药物种类、亲鱼的种类和性别有关外,还与催产时间、成熟度、个体大小等有关系。早期,因水温稍低,卵巢膜对激素不够敏感,用量需比中期增加20%~25%。成熟度差的鱼,或增大注射量,或增加注射次数。成熟度好的鱼,则可减少用量,对雄性亲鱼甚至可不用催产剂。性别不同,注射剂量可不同,雄鱼常只注射雌鱼用量的一半即可。催产剂的用量见表3-6。

表3-6 · 鲟催产剂的使用方法与常用剂量

雌　鱼				备　注
一次注射法	两 次 注 射 法			
	第 一 次 注 射	第 二 次 注 射	间隔时间(h)	
PG 3~5 mg/kg; HCG 1 000~1 200 IU/kg; LRH - A 15~20 μg/kg+PG 1 mg/kg(或HCG 200 mg/kg)	LRH - A 1~2 μg/kg; PG 0.3~0.5 mg/kg	PG 3~5 mg/kg; HCG 1 000~1 200 IU/kg; LRH - A 15~20 μg/kg	12~24	雄鱼用量为雌鱼的一半; 1次注射法雌雄鱼同时注射;2次注射法在第二次注射时,雌雄鱼才同时注射; 左列药物任选一项即可

注：剂量、药剂组合及间隔时间等,均按标准化要求制定。

（3）效应时间

从末次注射到开始发情所需的时间叫效应时间。效应时间与药物种类、鱼的种类、水温、注射次数、成熟度等因素有关。一般温度高,时间短;反之,则时间长。使用 PG 效应时间最短,使用 LRH－A 效应时间最长,而使用 HCG 效应时间介于两者之间。

（4）注射方法和时间

注射分体腔注射和肌内注射两种,目前生产上多采用前者。注射时,使鱼夹中的鱼侧卧在水中,把鱼上半部托出水面,在胸鳍基部无鳞片的凹入部位,将针头朝向头部前上方与体轴成 45°~60° 角刺入 1.5~2.0 cm,然后把注射液徐徐注入鱼体。肌内注射部位是在侧线与背鳍间的背部肌肉。注射时,把针头向头部方向稍挑起鳞片刺入 2 cm 左右,然后把注射液徐徐注入。注射完毕迅速拔除针头,把亲鱼放入产卵池中。在注射过程中,当针头刺入后,若亲鱼突然挣扎扭动,应迅速拔出针头,不要强行注射,以免针头弯曲或划开肌肤造成出血、发炎。可待鱼安定后再行注射。

催产时一般控制在早晨或上午产卵,有利于工作进行。为此,须根据水温和催情剂的种类等计算好效应时间,掌握适当的注射时间。如要求清晨 6：00 产卵,药物的效应时间是 10~12 h,那么可安排在前一天的 18：00—20：00 注射。当采用两次注射法时,应再增加两次注射的间隔时间。

3.3.6 · 产卵

（1）自然产卵

选好适宜催产的成熟亲鱼后,考虑雌雄配组,雄鱼数应大于雌鱼,一般雌雄比为 X :（X+1）,以保证较高的受精率。倘若配组亲鱼的个体大小悬殊（常雌大雄小）,会影响受精率,故遇雌大雄小时,应适当增加雄鱼数量予以弥补。

经催产注射后的鲟即可放入产卵池。在环境安静和缓慢的水流下,激素逐步产生反应,到发情前 2 h 左右需冲水 0.5~1 h,以促进亲鱼追逐、产卵、排精等生殖活动。发情产卵开始后可逐渐降低流速。不过,如遇发情中断、产卵停滞时,仍应立即加大水流刺激,予以促进。所以,促产水流虽原则上按慢—快—慢的方式调控流速,但仍应注意观察池鱼动态,随时采取相应的调控措施。

（2）人工授精

用人工的方法使精卵相遇,完成受精过程,称为人工授精。常用的人工授精方法有干法、半干法和湿法。

① 干法人工授精：当发现亲鱼发情进入产卵时（用流水产卵方法最好在集卵箱中发现刚产出的鱼卵时），立即捕捞亲鱼检查。若轻压雌鱼腹部卵子能自动流出，则一人用手压住生殖孔，将鱼提出水面，擦去鱼体水分，另一人将卵挤入擦干的脸盘中（每一脸盆约可放卵 50 万粒）。用同样方法立即向脸盆内挤入雄鱼精液，用手或羽毛轻轻搅拌 1~2 min，使精、卵充分混合。然后，徐徐加入清水，再轻轻搅拌 1~2 min。静置 1 min 左右，倒去污水。如此重复用清水洗卵 2~3 次，即可移入孵化器中孵化。

② 半干法人工授精：将精液挤出或用吸管吸出，用 0.3%~0.5% 生理盐水稀释，然后倒在卵上，按干法人工授精方法进行。

③ 湿法人工授精：将精卵挤在盛有清水的盆中，然后再按干法人工授精方法操作。

在进行人工授精过程中，应避免精、卵受阳光直射。操作人员要配合协调，做到动作轻、快。否则，易造成亲鱼受伤，甚至引起产后亲鱼死亡。

（3）自然产卵与人工授精的比较

自然产卵与人工授精都是当前生产中常用的方式，两种方式各有利弊，比较情况见表 3-7。

表 3-7 自然产卵与人工授精利弊比较

自然产卵	人工授精
因自找配偶，能在最适时间自行产卵，故操作简便，卵质好，亲鱼少受伤	人工选配，操作繁多，鱼易受伤甚至造成死亡，且难掌握适宜的授精时间，卵质受到一定影响
性比为 X:(X+1)，所需雄鱼量多，否则受精率不高	性比为 X:(X-1)，雄鱼需要量少，且受精率常高
受伤亲鱼难利用	体质差或受伤亲鱼易利用，甚至亲鱼成熟度稍差时，也可能使催产成功
鱼卵陆续产出，故集卵时间长。所集之卵，卵中杂物多	因挤压采卵，集卵时间短，卵干净
需流水刺激	可在静水下进行
较难按人的主观意志进行杂交	可种间杂交或进行新品种选育
适合进行大规模生产，所需劳力稍少，但设备多，动力消耗也多些	动力消耗少，设备也简单，但因操作多，所需劳力也多

（4）鱼卵质量的鉴别

鱼卵质量的优劣用肉眼是不难判别的（表 3-8）。卵质优劣对受精率、孵化率影响其大,未熟或过熟的卵受精率低,即使已受精,孵化率也常较低,且畸形胚胎多。卵膜韧性和弹性差时,孵化中易出现提早出膜现象,需采取增固措施加以预防。因此,通过对卵质的鉴别,不但使鱼卵孵化工作事前就能心中有底,而且还有利确立卵质优劣关键在于培育的思想,认真总结亲鱼培育的经验,以求改进和提高。

表 3-8·卵子质量的鉴别

性　状	成　熟　卵　子	不熟或过熟卵子
颜色	鲜明	暗淡
吸水情况	吸水膨胀速度快	吸水膨胀速度慢,卵子吸水不足
弹性状况	卵球饱满,弹性强	卵球扁塌,弹性差
鱼卵在盘中静止时胚胎所在的位置	胚体动物极侧卧	胚体动物极朝上,植物极向下
胚胎的发育	卵裂整齐,分裂清晰,发育正常	卵裂不规则,发育不正常

注:引自《中国池塘养鱼学》。

■（5）产后亲鱼的护理

要特别加强对产后亲鱼的护理。产后亲鱼往往因多次捕捞及催产操作等缘故而受伤,所以需进行必要的创伤治疗。产卵后亲鱼的护理,首先应该把产后过度疲劳的亲鱼放入水质清新的池塘里,让其充分休息,并精养细喂,使它们迅速恢复体质,增强对病菌的抵抗力。为了防止亲鱼伤口感染,可对产后亲鱼加强防病措施,进行伤口涂药和注射抗菌药物。轻度外伤,用 5% 食盐水,或 10 mg/L 亚甲基蓝,或饱和高锰酸钾液药浴,并在伤处涂抹广谱抗生素油膏;创伤严重时,要注射磺胺嘧啶钠,控制感染,加快康复。用法:体重 10 kg 以下的亲鱼,每尾注射 0.2 g;体重超过 10 kg 的亲鱼,每尾注射 0.4 g。

3.4

孵　化

孵化是指受精卵经胚胎发育至孵出鱼苗为止的全过程。人工孵化就是根据受精卵胚胎发育的生物学特点,人工创造适宜的孵化条件,使胚胎能正常发育而孵出鱼苗。

3.4.1 · 胚胎发育

胚胎期很短,在孵化的最适水温时,通常 20~25 h 就出膜。受精卵遇水后,卵膜吸水迅速膨胀,10~20 min 其直径可增至 4.8~5.5 mm,细胞质向动物极集中,并微微隆起形成胚盘(即一细胞),以后卵裂就在胚盘上进行。经过多次分裂后,经囊胚期、原肠期……最后发育成鱼苗。

3.4.2 · 鱼卵的孵化

（1）孵化设备

常用孵化设备有孵化缸(桶)和孵化环道等。

（2）孵化管理

凡能影响鱼卵孵化的主、客观因素都是管理工作的内容,现分述如下。

① 水温:鱼卵孵化要求一定的温度。主要养殖鱼类,虽在 18~30℃ 的水温下可孵化,但最适温度因种而异,鳙受精卵的孵化水温为 25℃±3℃。不同温度下,孵化速度不同,详见表 3-9。当孵化水温低于或高于所需温度,或水温骤变,都会造成胚胎发育停滞或畸形胚胎增多而夭折,影响孵化出苗率。

表 3-9 · 不同水温下的鱼卵孵化时间（h）

水温（℃）			
18	20	25	30
61	50	24	16

② 溶氧:胚胎发育是要进行气体交换的,且随发育进程需氧量渐增,后期可比早期增大 10 倍左右。孵化用水的含氧量高低,决定鱼卵的孵化密度。生产中不仅要求鳙孵化水的含氧量不低于 4~5 mg/L,更需保证卵和苗不堆积;否则,即使在高溶氧量的水中也会出现缺氧窒息致死的情况。合适的溶氧是提高孵化率的关键因素之一。

③ 污染与酸碱度:未被污染的清新水质,对提高孵化率有很大的作用。孵化用水应过滤,防止敌害生物及污物流入。受工业和农药污染的水,不能用作孵化用水。偏酸或过于偏碱性的水必须经过处理后才可用来孵化鱼苗。一般孵化用水的酸碱度以 pH7.5 最佳,偏酸或 pH 超过 9.5 均易造成卵膜破裂。

④ 流速：流水孵化时，流速大小决定水中氧气的多少。但是，流速是有限度的：过缓，卵会沉积，导致窒息死亡；过快，卵膜会破裂，也会导致死亡。所以，在孵化过程中，水流控制是一项很重要的工作。目前，生产中都按慢—快—慢—快—慢的方式调控，即刚放卵时只要求卵能随水逐流而不发生沉积，水流可小些。随着胚胎的发育，逐步增大流速，保证胚胎对氧气的需要。在出膜前，应控制在允许的最大流速。出膜时，适当减缓流速，以提高孵化酶的浓度，加快出膜，不过要及时清除卵膜，防止堵塞水流（特别是在死卵多时）。出膜后，鱼苗活动力弱，大部分时间生活在水体下层，为避免鱼苗堆积在水底而窒息，流速要适当加大，以利苗的漂浮和均匀分布。待鱼苗平游后，流速又可稍缓，只要容器内无水流死角，不会闷死鱼苗即可。初学调控者可暂先排除进水的冲力影响，仅根据水的交换情况来掌握快慢，一般以每 15 min 交换 1 次为快，每 30~40 min 交换 1 次为慢。

⑤ 提前出膜：由于水质不良或卵质差，受精卵会比正常孵化提前 5~6 h 出膜，叫作提前出膜。提前出膜，畸形增多，死亡率高，所以生产中要采用高锰酸钾液处理鱼卵。方法：将所需量的高锰酸钾先用水溶解，在适当减少水流的情况下，把已溶化的药液放入水底，依靠低速水流，使整个孵化水达到 5 mg/L 浓度（卵质差，药液浓；反之，则淡），并保持 1 h。经浸泡处理，卵膜韧性、弹性增加，孵化率得以提高。不过，卵膜增固后，孵化酶溶解卵膜的速度变慢，出苗时间会推迟几小时。

⑥ 敌害生物：孵化中敌害生物由进水带入；或自然产卵时，收集的鱼卵未经清洗而带入；或因碎卵、死卵被水霉菌寄生后，水霉菌在孵化器中蔓延等原因造成危害。对于大型浮游动物，如剑水蚤等，可用 90% 晶体敌百虫杀灭，使孵化水浓度达 0.3~0.5 mg/L；或用粉剂敌百虫，使水体浓度达 1 mg/L；或用敌敌畏乳剂，使水体浓度达 0.5~1 mg/L。以上药物任选 1 种，进行药杀。不过，在流水状态下，往往不能彻底杀灭敌害生物，所以做好严防敌害生物侵入的工作才是根治措施。水霉菌寄生是孵化中的常见现象，水质不良、温度低时尤甚。施用亚甲基蓝，使水体浓度为 3 mg/L；调小流速，以卵不下沉为度，并维持一段时间，可抑制水霉生长。寄生严重时，间隔 6 h，重复 1 次。

3.4.3 · 催产率、受精率和出苗率的计算

鱼类人工繁殖的目的是提高催产率（或产卵率）、受精卵和出苗率。所有的人工繁殖技术措施均是围绕该"三率"展开的，其统计方法如下。

在亲鱼产卵后捕出时，统计产卵亲鱼数（以全产为单位，将半产雌鱼折算为全产）。考虑催产率可了解亲鱼培育水平和催产技术水平。计算公式为：

$$催产率 = \frac{产卵雌鱼数}{催产雌鱼数} \times 100\%$$

当鱼卵发育到原肠中期,用小盆随机取鱼卵百余粒,放在白瓷盆中,用肉眼检查,统计受精卵(好卵)数和混浊、发白的坏卵(或空心卵)数,然后按下述公式可求出受精率。

$$受精率 = \frac{受精卵数(好卵)}{总卵数(好卵+坏卵)} \times 100\%$$

受精率的统计可衡量鱼催产技术高低,并可初步估算鱼苗生产量。

当鱼苗鳔充气、能主动开口摄食,即开始由体内营养转为混合营养时,鱼苗就可以转入池塘饲养。在移出孵化器时,统计鱼苗数,按下列公式计算出苗率。

$$出苗率 = \frac{出苗数}{受精卵数} \times 100\%$$

出苗率(或称下塘率)不仅反映生产单位的孵化工作优劣,而且也表明了整个家鱼人工繁殖的技术水平。

（撰稿：赵永锋）

4

鳙苗种培育及成鱼养殖

鱼苗、鱼种的培育就是从孵化后 3~4 天的鱼苗养成供食用鱼在池塘、湖泊、水库、河沟等水体放养的鱼种。一般分两个阶段：鱼苗经 18~22 天培养，养成 3 cm 左右的稚鱼，此时正值夏季，故通称夏花（又称火片、寸片）；夏花再经 3~5 个月的饲养，养成 8~20 cm 长的鱼种，此时正值冬季，故通称冬花（又称冬片）。北方鱼种秋季出塘称秋花（秋片），经越冬后称春花（春片）。在江苏和浙江一带，将 1 龄鱼种（冬花或秋花）通称为仔口鱼种。苗种培育的中心是提高成活率、生长率和降低成本，为成鱼养殖提供健康、合格的鱼种。

鱼苗、鱼种的生物学特性

鱼苗、鱼种是鱼类个体发育过程中快速生长发育的阶段。在该阶段，随着个体的生长，器官形态结构、生活习性和生理特性都发生一系列的变化。食性、生长和生活习性都与成鱼饲养阶段有所不同。鱼体的新陈代谢水平高、生长快，但活动和摄食能力较弱，适应环境、抗御敌害和疾病的能力差。因此，这一阶段对饲养技术要求高。为了提高鱼苗、鱼种饲养阶段的成活率和产量，必须了解它们的生物学特性，以便采取相应的科学饲养管理措施。

4.1.1 · 食性

刚孵出的鱼苗均以卵黄囊中的卵黄为营养。当鱼苗体内鳔充气后，鱼苗一边吸收卵黄，一边开始摄取外界食物；当卵黄囊消失后，鱼苗就完全依靠摄取外界食物为营养。但此时鱼苗个体细小，全长仅 0.6~0.9 cm，活动能力弱，其口径小，取食器官（如鳃耙、吻部等）尚未发育完全。因此，所有种类的鱼苗只能依靠吞食方式来获取食物，而且其食谱范围十分狭窄，只能吞食一些小型浮游生物，其主要食物是轮虫和桡足类的无节幼体。生产上通常将此时摄食的饵料称为"开口饵料"。

随着鱼苗的生长，其个体增大，口径增宽，游动能力逐步增强，取食器官逐步发育完善，食性逐步转化，食谱范围也逐步扩大。表 4-1 为鲢鱼苗发育至夏花阶段的食性转化。

鱼种的摄食方式和食物组成有以下规律性变化。

表 4-1·鳙鱼苗发育至夏花阶段的食性转化

鱼苗全长(mm)	食性
7~9	轮虫、无节幼体
10~10.7	轮虫、无节幼体
11~11.5	轮虫、小型枝角类
12.3~12.5	轮虫、枝角类、桡足类、少数大型浮游植物
14~15	轮虫、枝角类、桡足类、少数大型浮游植物
15~17	轮虫、枝角类、有机碎屑、大型浮游植物
18~23	轮虫、枝角类、有机碎屑、大型浮游植物
24	浮游植物数量增加
25	浮游植物数量增加

注：引自《鱼类增养殖学》。

(1) 全长 7~11 mm 的鳙鱼苗

它们的鳃耙数量少、长度短,尚起不到过滤的作用。这时期鱼苗的摄食方式都是吞食,其口径大小相似,因此适口食物的种类和大小也相似,均以轮虫和无节幼体、小型枝角类为食。

(2) 全长 12~15 mm 的鳙鱼苗

它们的口径虽然相似,但由于鳃耙的数量、长度和间距出现了明显的差别,因此,摄食方式和食物组成开始分化。鳙的鳃耙数量多,较长而密,因此摄食方式开始由吞食向滤食转化。此时的适口食物为轮虫、枝角类和桡足类,也有较少量的无节幼体和较大型的浮游植物。

(3) 全长 16~20 mm 的鳙乌仔

由于摄食器官形态差异已经很大,因此食性分化更为明显。此时鳙的口径增大,滤食器官逐渐发育完善,其滤食技能随之增强,摄食方式即由吞食转为滤食。这时期的食物,除轮虫、枝角类和桡足类外,已有较多的浮游植物和有机碎屑。

(4) 全长 21~30 mm 的鳙夏花

摄食器官发育得更加完善,彼此间的差异更大。在此期末,食性已完全转变或接近于成鱼的食性。

(5) 全长 31~100 mm 的鳙鱼种

摄食器官的形态和功能都基本与成鱼相同。食性已同成鱼,只是食谱范围较狭窄。

4.1.2 · 生长

在鱼苗与鱼种阶段,鳙的生长速度是很快的。鱼苗到夏花阶段的相对生长率最大,是生命周期的最高峰。据测定,鱼苗下塘饲养 10 天内,体重增长的加倍次数为 5,即平均每 2 天体重增加 1 倍多。此时期鱼的个体小,绝对增重量也小,平均每天增重 10~20 mg。体长的增长,平均每天增长 1.2 mm。

在鱼种饲养阶段,鱼体的相对生长率较上一阶段有明显下降。在 100 天的培育时间内,体重增长的加倍次数为 9~10,即每 10 天体重增加 1 倍,与上一阶段比较相差达 5~6 倍。绝对体重平均每天增加 6.3 g,与鱼苗阶段比较相差达 200~600 倍。在体长方面,平均每天增长 3.2 mm,体长增长为上阶段的 4 倍多。

4.1.3 · 池塘中鱼的分布和对水质的要求

刚下塘的鱼苗通常在池边和表面分散游动,第 2 天便开始适当集中;下塘 5~7 天逐渐离开池边,但尚不能成群活动;下塘 10 天以后鳙鱼苗已能离开池边,在池塘中央处的上中层活动,特别是晴天的 10: 00—18: 00,成群迅速在水表层游动。

鱼苗、鱼种的代谢强度较高,故对水体溶氧量的要求高。所以,鱼苗、鱼种池必须保持充足的溶氧量,并投给足量的饲料。池水溶氧量过低、饲料不足,鱼的生长就会受到抑制甚至导致死亡,这是饲养鱼苗、鱼种过程中必须注意的。

鱼苗、鱼种对水体 pH 的要求比成鱼严格,且适应范围小。最适 pH 为 7.5~8.5。鱼苗、鱼种对盐度的适应力也比成鱼弱。成鱼可以在盐度 0.5 的水中正常生长和发育,但鱼苗在盐度为 0.3 的水中生长很缓慢,且成活率很低。鱼苗对水中氨的适应能力也比成鱼差。

鱼 苗 培 育

所谓鱼苗培育,就是将鱼苗养成夏花鱼种。为提高夏花鱼种的成活率,根据鱼苗的生物学特征,务必采取以下措施。一是创造无敌害生物及水质良好的生活环境;二是保持数量多、质量好的适口饵料;三是培育出体质健壮、适合高温运输的夏花鱼种。为此,需要用专门的鱼池进行精心、细致的培育。这种由鱼苗培育至夏花的鱼池在生产上称为"发塘池"。

4.2.1 · 鱼苗的形态特征和质量鉴别

（1）鱼苗的形态特征

将鱼苗放在白色的鱼碟中或直接观察鱼苗在水中的游动情况加以鉴别。

鳙鱼苗体较肥胖,头部宽,体色鲜嫩、微黄,体大而肥壮,鳔大且距头部较远,尾部呈蒲扇状、下侧有1个黑点(图4-1)。鳙鱼苗常栖息于水的上层边缘处,游动缓慢而连续。

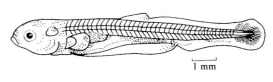

1 mm

图4-1 · 鳙鱼苗

（2）苗种的质量鉴别

① 鱼苗质量鉴别:鱼苗因受鱼卵质量和孵化过程中环境条件的影响,体质有强有弱,这对鱼苗的生长和成活影响很大。生产上可根据鱼苗的体色、游动情况以及挣扎能力来区别其优劣。鉴别方法见表4-2。

表4-2 · 鱼苗质量优劣鉴别

项 目	优 质 苗	劣 质 苗
体色	群体色素相同,无白色死苗,身体清洁,略带微黄色或稍红	群体色素不一,为"花色苗",有白色死苗。鱼体拖带污泥,体色发黑带灰
游动情况	在容器内将水搅动产生漩涡,鱼苗在漩涡边缘逆水游动	在容器内将水搅动产生漩涡,鱼苗大部分被卷入漩涡
抽样检查	在白瓷盆中,口吹水面,鱼苗逆水游动。倒掉水后,鱼苗在盆底剧烈挣扎,头尾弯曲成圆圈状	在白瓷盆中,口吹水面,鱼苗顺水游动。倒掉水后,鱼苗在盆底挣扎力弱,头尾仅能扭动

② 夏花鱼种质量鉴别:夏花鱼种质量优劣可根据出塘规格大小、体色、鱼类活动情况以及体质强弱来判别(表4-3)。

表 4-3·夏花鱼种质量优劣鉴别

项 目	优质夏花	劣质夏花
看出塘规格	同种鱼出塘规格整齐	同种鱼出塘个体大小不一
看体色	体色鲜艳、有光泽	体色暗淡无光,变黑或变白
看活动情况	行动活泼,集群游动,受惊后迅速潜入水底,不常在水面停留,抢食能力强	行动迟缓,不集群,在水面漫游,抢食能力弱
抽样检查	鱼在白瓷盆中狂跳。身体肥壮,头小,背厚。鳞、鳍完整,无异常现象	鱼在白瓷盆中很少跳动。身体瘦弱,背薄,俗称"瘪子"。鳞、鳍残缺,有充血现象或异物附着

4.2.2·鱼苗的培育

(1) 鱼苗培育池的要求

① 交通便利,水源充足,水质良好,不含泥沙和有毒物质,排灌水方便。

② 池形整齐,最好是东西向的长方形,其长宽比为 5∶3。面积 667~2 000 m²,水深 1~1.5 m,以便于控制水质和日常管理。

③ 池埂坚固、不漏水,其高度应超过最高水位 0.3~0.5 m。池底平坦,并向出水口一侧倾斜。池底少淤泥、无砖瓦石砾、无丛生水草,以便于拉网操作。

④ 鱼池通风向阳,其水温增高快,也有利于有机物的分解和浮游生物的繁殖,鱼池溶氧也可保持较高水平。

(2) 鱼苗放养前的准备

鱼苗池在放养前要进行一些必要的准备工作,主要包括鱼池的修整、清塘消毒、清除杂草、灌注新水、培育肥水等。

① 鱼池修整:多年用于养鱼的池塘,由于淤泥过多、堤基受波浪冲击等原因,一般有不同程度的崩塌。根据鱼苗培育池所要求的条件,必须进行整塘。所谓整塘,就是将池水排干,清除过多淤泥,将塘底推平,并将塘泥敷贴在池壁上,使其平滑贴实,填好漏洞和裂缝,清除池底和池边杂草;将多余的塘泥清上池堤,为青饲料的种植提供肥料。除新开挖的鱼池外,旧的鱼池每 1~2 年必须修整 1 次。修整大多在冬季进行,先排干池水,挖除过多的淤泥(留 6.6~10 cm),修补倒塌的池堤,疏通进出水渠道。

② 清塘消毒:所谓清塘,就是在池塘内施用药物杀灭影响鱼苗生存、生长的各种生物,以保障鱼苗不受敌害、病害的侵袭。清塘消毒每年必须进行 1 次,时间一般在放

养鱼苗前 10~15 天进行为宜。清塘应选晴天进行,阴雨天药性不能充分发挥,操作也不方便。

清塘药物的种类及使用方法见表 4-4。一般认为,用生石灰和漂白粉清塘效果较好,但具体还需因地制宜加以选择。如水草多而又常发病的池塘,可先用药物除草,再用漂白粉清塘。如用巴豆清塘,可配合使用其他药物,以消灭水生昆虫及其幼虫。如预先用 1 mg/L 的 2.5% 粉剂敌百虫全池泼洒后再清塘,能收到较好的效果。

表 4-4 · 常见清塘药物

药物及清塘方法		用量(kg/667 m²)	使用方法	清塘功效	毒性消失时间
生石灰清塘	干法清塘	60~75	排除塘水,挖几个小坑,倒入生石灰溶化,不待冷却,即全池泼洒。第二天将淤泥和石灰拌匀,填平小坑,3~5 天后注入新水	① 能杀灭野杂鱼、蛙卵、蝌蚪、水生昆虫、螺蛳、蚂蟥、蟹、虾、青泥苔及浅根水生植物、致病寄生虫及其他病原体;② 增加钙肥;③ 使水呈微碱性,有利浮游生物繁殖;④ 疏松池中淤泥结构,改良底泥通气条件;⑤ 释放出被淤泥吸附的氮、磷、钾等;⑥ 澄清池水	7~8 天
	带水清塘	125~150(水深 1 m)	排除部分水,将生石灰化开成浆液,不待冷却直接泼洒		
茶麸(茶粕)清塘		40~50(水深 1 m)	将茶麸捣碎,加水,浸泡 1 昼夜,连渣一起均匀泼洒全池	① 能杀灭野鱼、蛙卵、蝌蚪、螺蛳、蚂蟥及部分水生昆虫;② 对细菌无杀灭作用,对寄生虫、水生杂草杀灭差;③ 能增加肥度,但会助长鱼类不易消化的藻类繁殖	7 天后
生石灰、茶麸混合清塘		茶麸 37.5,生石灰 45(水深 1 m)	将浸泡后的茶麸倒入刚溶解的生石灰内,拌匀,全池泼洒	兼有生石灰和茶麸两种清塘方法的功效	7 天后
漂白粉清塘	干法清塘	1	先干塘,然后将漂白粉加水溶解,拌成糊状,稀释后全池泼洒	① 效果与生石灰清塘相近;② 药效消失快,肥水效果差	4~5 天
	带水清塘	13~13.5(水深 1 m)	将漂白粉溶解后稀释,全池泼洒		
生石灰、漂白粉混合清塘		漂白粉 6.5,生石灰 65~80(水深 1 m)	加水溶解,稀释后全池泼洒	比两种药物单独清塘效果好	7~10 天

药物及清塘方法	用量(kg/667 m²)	使 用 方 法	清塘功效	毒性消失时间
巴豆清塘	3~4(水深1 m)	将巴豆捣碎,加3%食盐,加水浸泡;密封缸口2~3天后,将巴豆连渣倒入容器或船舱,加水泼洒	① 能杀死大部分害鱼; ② 对其他敌害和病原体无杀灭作用; ③ 有毒,皮肤有破伤时不要接触	10天
鱼藤精或干鱼藤清塘	鱼藤精1.2~1.3(水深1 m)	加水10~15倍,装喷雾器中全池喷洒	① 能杀灭鱼类和部分水生昆虫; ② 对浮游生物、致病细菌、寄生虫及其休眠孢子无作用	7天后
	干鱼藤1(水深0.7 m)	先用水泡软,再捶烂浸泡,待乳白色汁液浸出,即可全池泼洒		

除清塘消毒外,鱼苗放养前最好用密眼网拖2次,进一步清除蝌蚪、蛙卵和水生昆虫等,以弥补清塘药物的不足。

有些药物对鱼类有害,不宜用作清塘药物。如滴滴涕是一种稳定性很强的有机氯杀虫剂,能在生物体内长期积累,对鱼类和人类都有致毒作用,应禁止使用;其他如五氯酚钠、毒杀芬等对人体也有害,也要禁止采用。

清塘一般有排水(干法)清塘和带水清塘两种。排水清塘是将池水排到6.6~10 cm时泼药,这种方法用药量少,但增加了排水操作。带水清塘通常是在供水困难或急等放鱼的情况下采用,但用药量较多。

③ 清除杂草:有些鱼苗池(也包括鱼种池)水草丛生,影响水质变肥,也影响拉网操作。因此,需将池塘的杂草清除。可用人工拔除或用刀割的方法,也可采用除草剂,如扑草净等除草剂进行除草。

④ 灌注新水:鱼苗池在清塘消毒后可注满新水,注水时一定要在进水口用纱网过滤,严防野杂鱼再次混入。第一次注水40~50 cm,便于升高水温,也容易肥水,有利于浮游生物的繁殖和鱼苗的生长。到夏花分塘后,池水可加深到1 m左右,鱼种池则加深到1.5~2 m。

⑤ 培育肥水:目前各地普遍采用鱼苗肥水下塘,使鱼苗下塘后即有丰富的天然饵料。培育池施基肥的时间,一般在鱼苗下塘前3~7天为宜,具体时间要视天气和水温而定,不能过早也不宜过迟。一般鱼苗下塘以中等肥度水质为好,即透明度为35~40 cm。水质太肥,鱼苗易生气泡病。鱼种池施基肥时间比鱼苗池可略早些,池水肥度也可大些,即透明度为30~35 cm。

初下塘鱼苗的适口饵料为轮虫和无节幼体等小型浮游生物。经多次养鱼的池塘,塘泥中贮存着大量的轮虫休眠卵,一般为 100 万～200 万个/m²。但是,塘泥表面的休眠卵仅占 0.6%,其余 99% 以上的休眠卵被埋在塘泥中,因得不到足够的氧气和受机械压力而不能萌发。在生产上,当清塘后放水时(一般当放水 20～30 cm 时),就必须用铁耙翻动塘泥,使轮虫休眠卵上浮或重新沉积于塘泥表层,以促进轮虫休眠卵萌发。生产实践证明,放水时翻动塘泥,7 天后池水轮虫数量明显增加,并出现高峰期。表 4 – 5 为水温 20～25℃时,用生石灰清塘后,鱼苗培育池水中生物的出现顺序。

表 4 – 5 · 生石灰清塘后浮游生物变化模式(未放养鱼苗)

项 目	清塘后天数(天)				
	1～3	4～7	7～10	10～15	15 后
pH	>11	9～10	9 左右	<9	<9
浮游植物	开始出现	第一个高峰	被轮虫滤食,数量减少	被枝角类滤食,数量减少	第二个高峰
轮虫	零星出现	迅速繁殖	高峰期	显著减少	少
枝角类	无	无	零星出现	高峰期	显著减少
桡足类	无	少量无节幼体	较多无节幼体	较多无节幼体	较多成体

从生物学角度看,鱼苗下塘时间应选择在清塘后 7～10 天,此时下塘正值轮虫高峰期。但生产上无法根据清塘日期来要求鱼苗适时下塘,加上依靠池塘天然生产力培养轮虫数量不多,仅 250～1 000 个/L,这些数量在鱼苗下塘后 2～3 天就会被鱼苗吃完。所以在生产上采用先清塘,然后根据鱼苗下塘时间施用有机肥,人为制造轮虫高峰期。施有机肥后,轮虫高峰期的生物量比天然生产力高 4～10 倍,达 8 000 个/L 以上,且鱼苗下塘后轮虫高峰期可维持 5～7 天。为做到鱼苗在轮虫高峰期下塘,关键是掌握施肥的时间。如用腐熟的粪肥,可在鱼苗下塘前 5～7 天(依水温而定)全池撒施 150～300 kg/667 m²;如用绿肥堆肥或沤肥,可在鱼苗下塘前 10～14 天投放 200～400 kg/667 m²。绿肥应堆放在池塘四角,浸没于水中以促使其腐烂,并经常翻动。

如施肥过晚,池水轮虫数量尚少,鱼苗下塘后因缺乏大量适口饵料,必然生长不好;如施肥过早,轮虫高峰期已过,大型枝角类大量出现,鱼苗非但不能摄食,而且会出现枝角类与鱼苗争溶氧、争空间、争饵料的情况,导致鱼苗因缺乏适口饵料而影响成活率。这种现象群众称为"虫盖鱼"。发生这种现象时,应全池泼洒 0.2～0.5 g/m³ 的晶体敌百虫,将枝角类杀灭之。

为确保施有机肥后轮虫大量繁殖,在生产中往往先泼洒 $0.2 \sim 0.5$ g/m³ 的晶体敌百虫杀灭大型浮游动物,然后再施有机肥料。如鱼苗未能按期到达,应在鱼苗下塘前 $2 \sim 3$ 天再用 $0.2 \sim 0.5$ g/m³ 的晶体敌百虫全池泼洒 1 次,并适量增施一些有机肥料。

(3) 鱼苗培育技术

① 暂养鱼苗要调节温差、饱食下塘:塑料袋充氧运输的鱼苗,鱼体内往往含有较多的二氧化碳,特别是长途运输的鱼苗,血液中二氧化碳浓度很高,可使鱼苗处于麻醉甚至昏迷状态(肉眼观察,可见袋内鱼苗大多沉底打团)。如将这种鱼苗直接下塘,成活率极低。因此,凡是经运输来的鱼苗,必须先放在鱼苗箱中暂养。暂养前,先将鱼苗袋放入池内,当袋内外水温一致后(一般约需 15 min)再开袋放入池内的鱼苗箱中暂养。暂养时,应经常在箱外划动池水,以增加箱内水的溶氧。一般经 $0.5 \sim 1$ h 暂养,鱼苗血液中过多的二氧化碳均已排出,鱼苗集群在网箱内逆水游动。

鱼苗经暂养后,需泼洒鸭蛋黄水。待鱼苗饱食后,即肉眼可见鱼体内有一条白线时,方可下塘。鸭蛋需在沸水中煮 1 h 以上,越老越好,以蛋白起泡者为佳。取蛋黄掰成数块,用双层纱布包裹后,在脸盆内漂洗(不能用手捏)出蛋黄水,淋洒于鱼苗箱内。一般 1 个蛋黄可供 10 万尾鱼苗摄食。

鱼苗下塘时,面临适应新环境和尽快获得适口饵料两大问题。在下塘前投喂鸭蛋黄,使鱼苗饱食后下塘,实际上是保证了仔鱼的第一次摄食,其目的是加强鱼苗下塘后的觅食能力和提高鱼苗对不良环境的适应能力。

鱼苗下塘的安全水温不能低于 13.5℃。如夜间水温较低,鱼苗运达目的地已是傍晚,应将鱼苗放在室内容器内暂养(每 100 L 水放鱼苗 8 万～10 万尾),并使水温保持在20℃。投 1 次鸭蛋黄后,由专人值班,每 1 h 换一次水(水温必须相同),或充气增氧,以防鱼苗浮头。待第二天上午 9:00 以后水温回升时,再投 1 次鸭蛋黄,并调节暂养容器内与池塘水温差后下塘。

② 鱼苗的培育方法:我国饲养鱼苗的方法很多,浙江、江苏的传统方法是以豆浆泼入池中饲养鱼苗;广东、广西则用青草、牛粪等直接投入池中沤肥饲养鱼苗。另外,还有混合堆肥饲养法、有机或无机肥料饲养法、综合饲养法等。

豆浆饲养法:浙江、江苏一带的传统饲养方法。鱼苗下池后,即开始喂豆浆。黄豆先用水浸泡,每 $1.5 \sim 1.75$ kg 黄豆加水 $20 \sim 22.5$ kg。18℃时浸泡 $10 \sim 12$ h,$25 \sim 30$℃时浸泡$6 \sim 7$ h。将浸泡后的黄豆与水一起磨浆,磨好的浆要及时投喂,过久要发酵变质。一般每天喂 2 次,分别在上午 8:00—9:00 和下午 13:00—14:00。豆渣要先用布袋滤去,泼洒要均匀。鱼苗初下塘时,每天用黄豆 $3 \sim 4$ kg/667 m²,以后随水质的肥度而适当调整。

混合堆肥法：堆肥的配合比例有多种，青草 4 份，牛粪 2 份，人粪 1 份，加 1% 生石灰；青草 8 份，牛粪 8 份，加 1% 的生石灰；青草 1 份，牛粪 1 份，加 1% 的生石灰。制作堆肥的方法：在池边挖建发酵坑，要求不渗漏，将青草、牛粪层层相间放入坑内，将生石灰加水成乳状泼洒在每层草上，注水至全部肥料浸入水中为止，然后用泥密封，让其分解腐烂。堆肥发酵时间随外界温度高低而定，一般在 20~30℃ 时，经 20~30 天即可使用。肉眼观察，腐熟的堆肥呈黑褐色，放手中揉成团状不松散。放养前 3~5 天塘边堆放 2 次基肥，每次用堆肥 150~200 kg/667 m²。鱼苗下塘后每天上、下午各施追肥 1 次，一般施堆肥汁 75~100 kg/667 m²，全池泼洒。

有机肥料和豆浆混合饲养法：在鱼苗下塘前 3~4 天，先用牛粪、青草等作为基肥，以培育水质。青草 200~250 kg/667 m²，牛粪 125~150 kg/667 m²。待鱼苗下塘后，每天投喂豆浆，但用量较江苏、浙江地区豆浆饲养法为少，每天施黄豆（磨成浆）1~3 kg/667 m²。同时，在饲养过程中还需适当投放几次牛粪和青草。

无机肥料饲养法：在鱼苗下塘前 20 天左右即可施化肥作基肥，通常施硫酸铵 2.5~5 kg/667 m²、过磷酸钙 2.5 kg/667 m²。施肥后如水质不肥或暂不放鱼苗，则每隔 2~3 天再施硫酸铵 1 kg/667 m²、过磷酸钙 0.75 kg/667 m²，可直接泼洒池中。一般施追肥时，每 2~3 天施硫酸铵 1.5 kg/667 m²、过磷酸钙 0.25 kg/667 m²。作追肥时，硫酸铵要溶解均匀，否则鱼苗易误食而引起死亡。一般培育鱼苗的无机肥总量为硫酸铵 32.5 kg/667 m²、过磷酸钙 22.5 kg/667 m²。

有机肥料和无机肥料混合饲养法：鱼苗下塘前 2 天施混合基肥，包括堆肥 50 kg/667 m²、粪肥 35 kg/667 m²、硫酸铵 2.5 kg/667 m²、过磷酸钙 3 kg/667 m²。鱼苗入池后，每天施混合追肥 1 次，并适当投喂少量鱼粉和豆饼。

综合饲养法：其要点如下。一是做好池塘清整工作。鱼苗放养前 10~15 天用生石灰带水清塘。二是肥水下塘。鱼苗放养前 3~5 天用混合堆肥作基肥。三是用麻布网在放养前拉去水生昆虫、蛙卵、蝌蚪等，或用 1 mg/L 敌百虫杀灭水蜈蚣。四是改一级塘饲养为二级塘饲养，即鱼苗先育成 1.65~2.64 cm 火片（放 15 万~20 万尾/667 m²），然后再分稀（放 3 万~5 万尾/667 m²）育成 3.96~4.95 cm 夏花。二级塘也要先施基肥。五是供足食料。每天用混合堆肥追肥，保持适当肥度，到后期食料不足时辅以一些人工饲料，如豆饼浆等。六是分期注水。随着鱼体增长，隔几天注新水 10~16.5 cm。七是及时防治病虫害。每隔 4~5 天检查鱼病 1 次，及时采取防治措施。八是做好鱼体锻炼和分塘出鱼工作。

分析上述各种鱼苗的培育方法，其中以综合饲养法和混合堆肥法的经济效果、饲养效果较好。

③ 鱼苗培育成夏花的放养密度：鱼苗培育成夏花的放养密度随不同的培育方法而各异。此外，也与塘水的肥瘦有关。早水鱼苗和中水鱼苗可密些，晚水鱼苗应稀些；老塘水肥可密些，新塘水瘦应稀些。现将各种培育法的放养密度分述如下。

一级培育法：采用鱼苗稀放到鱼种。根据经验，放养 1.4 万~1.5 万尾/667 m²，鱼苗下池前先放入网箱暂养数小时，剔除死鱼、正确过数后入池，这种方法适于产苗期晚、鱼种饲养期短的地区，其混养比例通常采用下列形式。

主养鳡：鳡 70%，草鱼 20%，鲤 10%。

江苏地区用本法培育鱼种，放鱼苗 1 万~1.3 万尾/667 m²，早期稀养，快速育成，并避免和减少了拉网搬运的次数。其优点是，鱼苗早期生长特别迅速，鳡鱼苗培育 15 天体长可达 3.3 cm 以上，1 个月后体长达 6.6 cm 以上。此外，由于入池鱼苗稀和肥水下塘，因此，天然饵料丰富，早期可少喂或不喂精料。

二级培育法：即鱼苗经 15~20 天的培育，长成体长达 1.65~2.64 cm 或 3~3.63 cm 的夏花，然后由夏花再培育到鱼种。

放养密度一般为 10 万~12 万尾/667 m²，也有放养 10 万~15 万尾/667 m²，多的甚至可达到 15 万~20 万尾/667 m²。一般来说，超过 10 万~12 万尾/667 m² 这一水平的，成活率将相应下降。如放养 10 万尾/667 m² 的成活率可达 95.4%，放养 52 万尾/667 m² 的成活率下降到 31.2%。

目前我国一些主要养鱼地区大多采用二级培育法，放养密度各地略有差异。

三级培育法：即先将鱼苗育成火片（乌仔），再将火片育成夏花，然后再由夏花育成鱼种。一般放 15 万~20 万尾/667 m²，多的可放 20 万~30 万尾/667 m²。饲养 8~10 天后，鱼苗长到 1.65 cm 左右即拉网出塘，通过鱼筛捕大留小，分塘继续饲养。第二次培育，放 4 万~5 万尾/667 m² 或多达 6 万~8 万尾/667 m²，再饲养 10 天，长成体长达 3.3 cm 左右的夏花。有些地区将鱼苗下池育成体长 1.65~2.64 cm 的火片称一级塘饲养，一般塘放养鳡鱼苗 20 万~25 万尾/667 m²。从体长 1.65~2.64 cm 的火片育成体长 4~5 cm 的夏花称二级塘，二级塘的放养密度为 3 万~5 万尾/667 m²。

④ 鱼苗培育阶段的饲养管理：鱼苗初下塘时，鱼体小，池塘水深应保持在 50~60 cm，以后每隔 3~5 天注水 1 次，每次注水 10~20 cm。培育期间共加水 3~4 次，最后加至最高水位。注水时必须在注水口用密网拦阻，以防野杂鱼和其他敌害生物流入池内，同时应防止水流冲起池底淤泥而搅浑池水。

鱼苗池的日常管理工作必须建立严格的岗位责任制。要求每天巡池 3 次，做到"三查"和"三勤"。即：早上查鱼苗是否浮头，勤捞蛙卵，消灭有害昆虫及其幼虫；午后查鱼苗活动情况，勤除杂草；傍晚查鱼苗池水质、天气、水温、投饵施肥数量、注排水和鱼的活动情况等,勤做日常管理记录,安排好第二天的投饵、施肥、加水等工作。此外,应经常检查有无鱼病发生,及时防治。

⑤ 拉网和分塘:鱼苗经过一个阶段的培育,当鱼体长成 3.3~5 cm 的夏花时,即可分塘。分塘前一定要经过拉网锻炼,使鱼种密集在一起,受到挤压刺激,分泌大量黏液,排出粪便,以适应密集环境,运输中减少水质污染的程度,体质也因锻炼而加强,以利于经受分塘和运输操作,提高运输和放养成活率。在锻炼时还可顺便检查鱼苗的生长和体质情况,估算出乌仔或夏花的出塘率,以便做好分配计划。

选择晴天的上午 9: 00 左右拉网。第一次拉网,只需将夏花鱼种围集在网中,检查鱼的体质后,随即放回池内。第一次拉网时,鱼体十分嫩弱,操作须特别小心,拉网赶鱼速度宜慢不宜快,在收拢网片时,需防止鱼种贴网。隔 1 天进行第二次拉网,将鱼种围集后,在其边上装置好谷池(为一长形网箱,用于夏花鱼种囤养锻炼、筛鱼清野和分养),将皮条网上纲与谷池上口相并压入水中,在谷池内轻轻划水,使鱼群逆水游入池内。鱼群进入谷池后,稍停,将鱼群逐渐赶集于谷池的一端,以便清除另一端网箱底部的粪便和污物,不让黏液和污物堵塞网孔。然后放入鱼筛,筛边紧贴谷池网片,筛口朝向鱼种,并在鱼筛外轻轻划水,使鱼种穿筛而过,将蝌蚪、野杂鱼等筛出。最后清除另一端箱底污物并清洗网箱。

经这样操作后,可保持谷池内水质清新,箱内外水流通畅,溶氧较高。鱼种约经 2 h 密集后放回池内。第二次拉网应尽可能将池内鱼种捕尽。因此,拉网后应再重复拉一网,将剩余鱼种放入另一个较小的谷池内锻炼。第二次拉网后再隔 1 天进行第三次拉网锻炼,操作同第二次拉网。如鱼种自养自用,第二次拉网锻炼后就可以分养;如需进行长途运输,第三次拉网后,将鱼种放入水质清新的池塘网箱中,经一夜"吊养"后方可装运。吊养时,夜间需有人看管,以防止发生缺氧死鱼事故。

⑥ 出塘过数和成活率的计算:夏花出塘过数的方法各地习惯不一,一般采取抽样计数法。先用小海斗(捞海)或量杯量取夏花,在计量过程中抽出有代表性的 1 海斗或 1 量杯计数,然后按下列公式计算。

$$总尾数 = 捞海数(量杯数) \times 每海斗(量杯)尾数$$

根据放养数和出塘总数即可计算成活率:

$$成活率 = 夏花出塘数/下塘鱼苗数 \times 100\%$$

提高鱼苗育成夏花的成活率和质量的关键,除细心操作、防止发生死亡事故外,最根本的是保证鱼苗下塘后就能获得丰富、适口的饲料。因此,必须特别注意做到放养密度合理、肥水下塘、分期注水和及时拉网分塘。

4.3

1 龄鱼种培育

夏花经过 3~5 个月的饲养,体长达到 10 cm 以上,称为 1 龄鱼种或仔口鱼种。培育 1 龄鱼种的鱼池条件和发花塘基本相同,但面积要稍大一些,一般以 1 333 ~ 5 333 m² 为宜。面积过大,饲养管理、拉网操作均不方便。水深一般 1.5~2 m,高产塘水深可达 2.5 m。在夏花放养前必须用药物清塘消毒。清塘后适当施基肥,培肥水质。施基肥的数量和鱼苗池相同,并视池塘条件和放养种类有所增减,一般施发酵后的畜(禽)粪肥 150 ~ 300 kg/667 m²,培养红虫,以保证夏花下塘后就有充足的天然饵料。

4.3.1 · 夏花放养

(1) 适时放养

一般在 6—7 月放养。放养时间要力争早些。几种搭配混养的夏花不能同时下塘,应先放主养鱼,后放配养鱼。

(2) 合理搭配混养

夏花阶段各种鱼类的食性分化已基本完成,对外界条件的要求也有所不同,既不同于鱼苗培育阶段,也不同于成鱼饲养阶段。因此,必须按所养鱼种的特定条件,根据各种鱼类的食性和栖息习性进行搭配混养,才能充分挖掘水体生产潜力和提高饲料利用率。应选择彼此争食较少、相互有利的种类搭配混养。一般应注意以下几点。

① 鳙为主的鱼池一般不宜混养鲢。因它们的食性虽有所差别,但也有一定矛盾。鲢性情急躁,动作敏捷,争食能力强;鳙行动缓慢,食量大,但争食能力差,常因得不到足够的饲料而生长受到抑制。所以,一般鲢、鳙不宜同池混养。但考虑到充分利用池中的浮游动物,可以在主养鲢池中混养 10% ~ 15% 的鳙。江苏省的一些地方,为了提高鳙的产量,待鳙鱼种长大后(9 月初)再搭配放养鲢,获得了增产的效果。

② 青鱼和鳙性情相似,饲料矛盾不大,可以混养。鳙吃浮游生物,可以使水清新,有利于小青鱼生长,可以搭配混养。

在生产实践中,多采用草鱼、青鱼、鳊、鲤等中下层鱼类分别与鲢、鳙等上层鱼类混养,其中以 1 种鱼为主养鱼,搭配 1~2 种其他鱼类。

(3) 放养密度

在生活环境和饲养条件相同的情况下,放养密度取决于出塘规格,出塘规格又取决于成鱼池放养的需要。一般放养密度为 1 万尾/667 m²。具体放养密度可根据下列几方面因素来决定。

① 池塘面积大、水较深、排灌水条件好或有增氧机、水质肥沃、饲料充足,放养密度可以大些。

② 夏花分塘时间早(在 7 月初之前),放养密度可以大些。

③ 要求鱼种出塘规格大,放养密度应稀些。

④ 以鲴为主的塘,放养密度可适当密些。

根据出塘规格要求,可参考表 4-6 决定放养密度。

表 4-6·1 龄鱼池放养量参考

主养鱼(鲴)		配养鱼(草鱼)		放养总数 (尾/667 m²)
放养量(尾/667 m²)	出塘规格(cm)	放养量(尾/667 m²)	出塘规格	
4 000	13~15	2 000	50~100 g	6 000
8 000	12~13	2 000	13~15 cm	10 000
12 000	10~12	2 000	12~13 cm	14 000

表 4-6 所列密度和规格的关系,是指一般情况而言。在生产中可根据需要的数量、规格、种类和可能采取的措施进行调整。如果能采取成鱼养殖的高产措施,放 20 000 尾/667 m² 夏花鱼种也能达到 13 cm 以上的出塘规格。

4.3.2·饲养方法

以施肥为主,适当辅以精饲料。施肥方法和数量应掌握少量勤施的原则。因夏花放养后正值天气转热的季节,施肥时应特别注意水质的变化,不可施肥过多,以免遇天气变化而发生鱼池严重缺氧,造成死鱼事故。施粪肥可每天或每 2~3 天全池泼洒 1 次,数量根据天气、水质等情况灵活掌握。通常每次施粪肥 100~200 kg/667 m²。养成 1 龄鱼种,共需粪肥 1 500~1 750 kg/667 m²。每万尾鱼种需用精饲料 75 kg 左右。

4.3.3 · 日常管理

每天早上巡塘 1 次,观察水色和鱼的动态,特别是浮头情况。如池鱼浮头时间过久,应及时注水。还要注意水质变化,了解施肥、投饲的效果。下午可结合投饲或检查吃食情况巡视鱼塘。

经常清扫食台、食场,一般 2~3 天清塘 1 次;每半月用漂白粉消毒 1 次,用药量为 0.3~0.5 kg/667 m²;经常清除池边杂草和池中草渣、腐败污物,保持池塘环境卫生。

做好防洪、防逃、防治鱼病工作,以及防止水鸟的危害。

搞好水质管理,这是日常管理的中心环节。鲥喜肥水,并含有丰富的天然饲料才能生长迅速。因此,对水质的掌握就增加了难度,水质既要清又要浓,也就是渔农所说的要"浓得清爽",做到"肥、活、嫩、爽"。所谓"肥"就是浮游生物多,易消化种类多。"活"就是水色不死滞,随光照和时间不同而常有变化,这是浮游植物处于繁殖盛期的表现。"嫩"就是水色鲜嫩不老,也是易消化浮游植物较多,细胞未衰老的反映,如果蓝藻等难消化种类大量繁殖,水色呈灰蓝或暗绿色。浮游植物细胞衰老或水中腐殖质过多,均会降低水的鲜嫩度,变成"老水"。"爽"就是水质清爽,水面无浮膜,混浊度较小,透明度以保持 25~30 cm 为佳。如水色深绿甚至发乌黑,在下风面有黑锅灰似的水,则应加注新水或调换部分池水。要想保持良好的水质,就必须加强日常管理,每天早晚观察水色、浮头和鱼的觅食情况,一般采取以下措施予以调节。

① 合理投饲和施肥:这是控制水质最有效的方法。做到"三看":一看天,应掌握晴天多投,阴天少投,天气恶变及阵雨时不投;二看水,清爽多投,肥浓少投,恶变不投;三看鱼,鱼活动正常、食欲旺盛、不浮头应多投,反之则应少投。千万不能有余食和一次大量施肥。

② 定期注水:夏花放养后,由于大量投饲和施肥,水质将逐渐转浓。要经常加水,一般每半个月 1 次,每次加水 15 cm 左右,以更新水质,保持水质清新,也有利于满足鱼体增长对水体空间扩大的要求,使鱼有一个良好的生活环境。平时还要根据水质的具体变化、鱼的浮头情况等适当注水。一般来说,水质浓、鱼浮头等情况下酌情注水是有利的,可以保持水质优良、增进鱼的食欲、促进浮游生物繁殖和减少鱼病的发生。

4.3.4 · 并塘越冬

秋末冬初,水温降至 10℃ 以下,鱼的摄食量大大减少。为了便于来年放养和出售,这时便可将鱼种捕捞出塘,按种类、规格分别集中蓄养在池水较深的池塘内越冬(可用鱼筛分开不同规格)。

　　长江流域鱼种并塘越冬的方法：在并塘前 1 周左右停止投饲,选天气晴朗的日子拉网出塘。因冬季水温较低,鱼不太活动,所以不要像夏花出塘时那样进行拉网锻炼。出塘后经过鱼筛分类、分规格和计数后即行并塘蓄养,群众习惯叫"囤塘"。并塘时拉网操作要细致,以免因碰伤鱼体而在越冬期间发生水霉病。蓄养塘面积为 1 333 ~ 2 000 m²,水深 2 m 以上,向阳背风,少淤泥。鱼种规格为 10 ~ 13 cm,可放养 5 万 ~ 6 万尾/667 m²。并塘池在冬季仍必须加强管理,适当施放一些肥料,晴天中午较暖和时可少量投饲。越冬池应加强饲养管理,严防水鸟危害。并塘越冬不仅有保膘、增强鱼种体质及提高成活率的作用,而且还能略有增产。

　　为了减少操作麻烦,以及利于成鱼和 2 龄鱼池提早放养、减少损失、提早开食、延长生长期,有些渔场取消了并塘越冬阶段,采取 1 龄鱼种出塘后随即有计划地放入成鱼池或 2 龄鱼种池。

成 鱼 养 殖

　　鳙养殖品种主要有三类：普通鳙(直板大头)、缩骨鳙(缩骨大头)和短尾鳙(短尾大头)。普通鳙头长为体长的 27% ~ 32%,头重占体重的 25% ~ 30%;缩骨鳙头长为体长的 35% ~ 60%,头重占体重的 35% ~ 60%,全长较普通鳙缩短了 30% ~ 50%;短尾鳙头长为体长的 33% ~ 40%,头重占体重的 30% ~ 40%,全长较普通鳙缩短了 15% ~ 25%。普通鳙常套养于草鱼、罗非鱼等精养池塘,缩骨鳙、短尾鳙主要为池塘精养。

4.4.1 · 池塘主养鳙

(1) 池塘条件

　　养殖池塘不宜过大、过深,一般面积以 6 670 ~ 20 000 m² 为宜,平均水深以 2 m 为宜,进排水系统齐全。水源水质清新、无污染,符合国家渔业水质标准。池塘配备增氧机和自动投饵机,投饵区域安装微孔增氧设施。

(2) 清塘消毒

　　鱼种放养前将池水排干,挖去过多的淤泥,池底留 15 cm 厚的淤泥。晒塘 8 ~ 10 天,然后用生石灰进行消毒,用量为 100 kg/667 m²。在底泥较多的地方要适当翻动,以确保消毒彻底。

▧（3）池塘进水

放苗前进水 1 m 左右,进水时用 60 目的筛绢过滤。进水第 3 天用阿维菌素等药物对水体进行杀虫处理,2 天后用二氧化氯制剂进行水体消毒。

▧（4）培育生物饵料

鱼种投放前 2 周一定要培养大量的浮游生物。培育的方法很多,可以用有机肥,也可以用无机肥进行肥水,确保鳡入池后有足够的生物饵料来源。

▧（5）鳡冬片鱼种的投放

1 月 8 日,选用鳡冬片鱼种。鱼种平均规格为 250 g/尾,一定要选用规格整齐、体质健壮、体表光滑、无病无伤、游动能力强的鱼种。放养鳡 600 尾/667 m²,鱼种下塘前用 3%～5% 食盐水浸浴 5～10 min。

▧（6）套养彭泽鲫、鲢冬片鱼种

1 月 15 日,每 667 m² 水面套养彭泽鲫冬片 500 尾,平均规格 50 g/尾;套养鲢 80 尾,平均规格 250 g/尾。

▧（7）饲养管理

在池塘主养鳡技术中,驯化是养殖成功的关键技术之一,主要采用投喂鳡专用膨化料与施用生物有机肥两者结合。

① 驯食:在投放鳡鱼种后,在晴天温度适宜的情况下进行驯食,前期需要注重少量多次,避免浪费饲料;当鳡大部分过来摄食之后可转为定时驯食,即每天在固定的时间段进行。在正常天气,一般 1 周左右可完成鳡的驯食过程。

② 投喂与施肥:选用鳡专用膨化配合饲料,蛋白质含量为 35%。每天投喂 3 次,分别为 8—9 时、12—13 时、18—19 时各 1 次。日投饲量按体重的百分比或采用饱食投饲法,每 10 天调整 1 次。在实际投饵操作过程中,运用精准投喂饲料技术,根据鳡生长的各个阶段选用适合的饲料,从饲料粒径、蛋白质含量、相关营养成分变化选用不同阶段的饲料;运用先进的投饵感应机械,根据水温、水质、天气等多项数据调整饲料投喂数量、投喂时间、投喂次数等具体参数。同时,不定期投放生物有机肥,以培育生物饵料。

③ 水质管理:定期培藻、追加生物有机肥,在越冬前和开年后需要合理搭配肥料,以培育丰富的天然饵料。定期使用微生态制剂进行水质调节。

④ 增氧机定期开放:一定要加强增氧机的使用,建议每天 12—14 时、22 时—次日 7 时适当开。阴雨天气、温差较大等情况应注意浮头及减少投喂量。

（8）生物防治疫病、生物改良底质

根据养殖水质的具体情况,选用合适的微生物制剂,促进有益菌种的繁殖,分解或降解水体中有害成分;补充底部和水体的营养物质,培养有益藻类;调节底部菌相平衡,建立有利于水质的微生物群落。从生物防治疫病、生物改良底质入手,合理使用微生态制剂,有效并持久维护好水质,不仅能预防鱼病,还可以增产增收。

（9）疫病防治

鳙抗病能力强,常见的病害不多,但由于是高密度养殖,应积极做好疾病预防工作。

在鱼病流行季节,每 15 天用 $20 \sim 30 \ kg/667 \ m^2$ 生石灰化浆全池泼洒(平均水深 1 m 时)。

常见的细菌性疾病主要有烂鳃病、出血病、打印病等。主要防治方法:需要定期对水体消毒,尤其是在疾病高发季节应定期使用二氧化氯、碘制剂等消毒药品进行全池泼洒,可以有效预防疾病发生。

寄生虫病主要有车轮虫、指环虫、锚头鳋等。主要防治方法:车轮虫选择车轮虫净,指环虫选择甲苯咪唑或者曼尼期碱精素,锚头鳋选择菊酯类药物,但使用药物时一定要注意其他鱼类的敏感性。

定期在饲料中添加有益营养成分可提升机体免疫能力,添加适量维生素可消除肝胆病、营养不良综合征。

4.4.2 · 池塘套养鳙

池塘套养鳙是目前全国各地鳙养殖的主要模式。目的:一是提高主养鱼的附加值;二是分摊一定比例的塘租、电费等养殖成本或赚取套养鳙的利润;三是生物防控,调节池塘水质。池塘套养鳙多见于草鱼、罗非鱼、南美白对虾、黄颡鱼、生鱼、海鲈等精养池塘,鳙放养密度为 $50 \sim 200$ 尾$/667 \ m^2$,低密度放养时一般不单独投喂饲料,具体如表 4-7 所示。

池塘套养鳙品种主要为普通鳙(直板大头),套养密度低,相对生长速度较快。在不投喂饲料的情况下,鳙主要依赖轮虫、枝角类、桡足类等浮游动物和饲料碎屑,因食物丰

表4-7·不同主养鱼模式下套养鳙的密度

主养鱼	鳙密度(尾/667 m²)	鳙规格(g/尾)	饵料来源
草鱼、罗非鱼	50~80	250	饲料碎屑、浮游动物
草鱼、罗非鱼	120~200	100~250	膨化配合饲料
生鱼、海鲈	50~100	150~250	饲料碎屑、浮游动物
对虾、罗氏沼虾	10~20	100~250	饲料碎屑、浮游动物

度欠缺,鳙的生长速度有限。一般情况,珠三角地区一年可放养2~3批不同规格的鳙,养殖到体重1.5 kg/尾以上起捕;放养规格为100~200 g/尾的鳙鱼种,养殖7个月左右体重可达2 kg/尾以上。

高密度套养鳙,需投喂一定量的配合饲料,投喂方式主要为分食台投喂。池塘高密度套养鳙时,使用中央风送投料机投喂主养鱼、塘边使用普通投料机投喂鳙的养殖模式。该养殖模式投料时先使用中央风送投料机投喂主养鱼5~10 min,然后用普通投料机投喂鳙。池塘无中央风送投料机的养殖模式,投料时先使用普通投料机投喂主养鱼5~10 min,然后在主养鱼投料机附近区域采用围框方式投喂鳙。设置这种框的目的主要是防止鳙饲料随波浪四处漂移,方便鳙集中摄食,且有利于主养鱼与鳙摄食不同的饲料产品。

高密度套养鳙,首批放养的鳙需要进行7~10天分食台投饲驯化,以达到鳙与主养鱼分食台摄食;出售成品鱼时,池塘存留20%~30%成品规格鳙,以成品鳙带新放鳙在固定食台摄食,避免放新苗后重新进行驯食。目前套养鳙使用的饲料多为鱼种膨化配合饲料或破碎料,日投喂3次左右,投饲率约为1.0%,饲料标签粗蛋白质32%~35%,养殖5个月左右即可达到2 kg/尾以上。

4.4.3 · 池塘精养鳙

精养品种主要为缩骨鳙(缩骨大头)、短尾鳙(短尾大头)。缩骨大头为直板大头苗种期用药物处理、刺激脊神经形成的,成功率一般25%左右。缩骨大头分为一缩、二缩和三缩,目前市面上销售的缩骨大头鱼苗主要为二缩。缩骨大头生长速度较直板大头慢。短尾大头是直板大头苗种经分子生物学技术培育出来的(采用浸泡法),成功率在80%以上。与直板大头相比,短尾大头更耐低氧和高盐度环境,抗病力更强,生长速度较直板大头快25%~30%。精养鳙的放养模式如表4-8所示,套养鲫、青鱼、南美白对虾、罗氏沼虾的密度和规格视市场行情及预期售鱼、虾的时间而定。

表 4 - 8 · 池塘精养鳙的养殖模式

主养鱼品种	密度(尾/667 m²)	规格(尾/kg)	套养鱼、虾
普通鳙	400~550	4~20	鲫(8 朝,800~1 500 尾/667 m²),青鱼(500 g/尾,20~50 尾/667 m²);南美白对虾、罗氏沼虾(放养密度变化大)
缩骨鳙	500~650	160~200	
短尾鳙	500~800	160~200	

池塘精养鳙主要投喂膨化配合饲料或破碎料,目前市场上鳙专用膨化配合饲料偏少。池塘精养鳙使用的饲料与套养鳙一样,多数使用鱼种膨化配合饲料,标签粗蛋白质含量 32%~35%。池塘精养鳙与池塘套养鳙养殖投喂饲料有较大差异,多数精养户使用投料机直接投喂,投料区域加以围网或围框,以阻止饲料随波浪漂移。池塘精养鳙一般于 7:30 开始投喂饲料,不间断地持续到 18:00 左右,主要使用小颗粒膨化配合饲料定点投喂,投饲率一般在 1.5%~3.5%。放养 160~200 尾/kg 的缩骨鳙,一般经 5 个月左右即可达到 1.5 kg/尾以上规格(视所使用的饲料档次而定)。

4.4.4 · 沟渠拦网生态养殖鳙

≈ (1) 养殖条件

养殖区内无污染源,水质优良,拦网网目 3.5 cm。

≈ (2) 鱼种投放

2 月中下旬投放大规格鲢鱼种 70 尾/hm²、尾重 1 250~1 750 g,大规格鳙鱼种 800尾/hm²、尾重 1 250~1 750 g。投放的鱼种健康且无外伤,投放前均用 6% 食盐水浸泡10 min。

≈ (3) 培育天然饵料

3 月 19 日、5 月 5 日和 9 月 12 日采取全池泼洒方式,分别施用生物渔肥 85 kg/hm²、128 kg/hm² 和 110 kg/hm²。养殖期间水体透明度维持在 20~40 cm。

≈ (4) 投喂人工饲料

从 4 月 17 日开始至 9 月 28 日期间,每 2 天定点投喂 1 次黄豆粉。

（5）疾病预防

分别于5月17日和8月13日用含量为8%的二氧化氯制剂12 kg/hm² 进行全池泼洒。在水质较肥及不良天气时开启增氧机。

（撰稿：赵永锋）

5

鲌营养与饲料

5.1

概　述

鳙是我国重要的养殖淡水鱼,是"四大家鱼"之一。2021年全国鳙总产量为317.7万吨,占淡水养殖总产量的10%,仅次于草鱼和鲢(农业农村部渔业渔政管理局,2022)。鳙喜欢栖息于水的中上层,生性温顺,便于管理和运输,其养殖食物链短、病害少、肉质细嫩鲜美,特别是鳙头,富含不饱和脂肪酸,如磷脂、DHA、EPA等(缪凌鸿等,2016;刘月月等,2020),因而深受广大消费者喜爱。近年来,受整个水产养殖行情和市场消费需求的影响,传统草鱼、罗非鱼、鲫、鲤等精养模式受到的冲击越来越大,单品种销售越来越困难,鱼贩对配套的鳙需求越来越高。因此,养殖户逐渐改变养殖模式,提高套养鳙的密度或精养鳙(米海峰等,2016)。由于养殖水域的天然饵料有限,养殖鳙的传统方法是以施肥为主、投饵为辅(赵库等,1992),通过施肥增加养殖水体中浮游生物、细菌和腐屑的含量,以提高鳙的产量(Opuszynski和Shireman,1993)。为了进一步加快鳙的生长速度和提高产量,一般还要投喂相应的配合饵料(Afzal等,2008),学者们也逐渐开展了针对鳙的饲料营养研究(Li等,2018)。据研究显示,浮游生物作为鳙(900~1 000 g)的主要食物来源时,其平均贡献率仅为(65.6±3.2)%,而培育浮游生物的同时投喂鱼体总重量1%~1.5%的青鱼膨化颗粒饲料,饲料的贡献率可提高到82.1%(李学梅等,2017)。研究显示,池塘投喂膨化饲料主养鳙显著改变了鳙的肌肉硬度和回复性,具有肌肉脂肪及DHA和EPA含量高的特点,肌肉铜、锌、铅、镉含量均小于重金属限量标准,可安全食用(孙盛明等,2020)。

对鳙的营养需求研究目前还比较有限,且不成系统,开发专用的鳙配合饲料必须首先明确鳙的摄食特性。鳙作为典型的滤食性鱼类,具有特有的滤食性器官,由鳃弧骨、腭褶、鳃耙和鳃上器官(鳃耙管)等组成。其摄取的食物先经过鳃耙过滤,然后经咽喉进入前肠才能被消化吸收(王武,2000;朱景广和李欣,2013)。在自然条件下,鳙主要滤食轮虫、桡足类、枝角类等浮游动物(Görgényi等,2016),其对金藻、甲藻、隐藻及硅藻消化良好,而凡是具有厚的纤维质细胞壁、胶质和严密封闭的几丁质壳的动植物(如蓝藻、绿藻、裸藻、浮游动物的卵)都是不能被消化的种类,因为鳙缺乏分解纤维、胶质和几丁质的酶(倪达书和蒋燮治,1954;颜庆云等,2009)。由于鳙缺乏选择食物的能力,也会出现吃些较大型的浮游植物的情况,如微囊藻、丝状硅藻和囊裸藻等(陈少莲,1982)都可能被鳙食用。鳙进食饲料颗粒的大小主要取决于鳃耙间隙和咽喉孔径。滤取食物时,鳃弧上两列鳃耙随口活动不断张开、合拢,带有食物的水流经鳃耙、侧突和鳃耙网时,水和微小物体从鳃耙间隙顺利通过并从鳃孔排出;不能通过鳃耙间隙的浮游生物、有机碎屑等被滤积到鳃耙沟中,在水流不断冲击和腭褶波动的作用下向后方移动。到近咽喉底时,鳃耙管壁肌肉收缩,从管中压出水流把食物驱集在一起而进入咽底。因此,若饲料粒径过小,鳙滤食时则随水流通过鳃孔排出;若饲料粒径过大,则不能通过咽喉而被吐出。鳙独特的摄食特点要求在研发配合饲料时,要特别注意饲料的物理形态的研究,如粒径、沉浮性等,而明确鳙对蛋白质、脂肪、碳水化合物、维生素、矿物质等的需求量是配制配合饲料的基础。

营 养 需 求

5.2.1 · 原料消化率

精准测定鱼类对饲料原料各营养成分的表观消化率,对鱼类饲料的配制和优化至关重要。消化率是指动物消化道吸收的能量或营养物质占摄入食物总能量或者营养物质总量的百分比,是评价饲料原料营养水平的必需指标之一(De Silva 和 Anderson,1995;Halyer,1989;Lovell,1998;申屠基康,2010),而表观消化率是指某种养分在被动物摄入前的含量和在粪便中含量的差值。

余含等(2017)通过外源性添加三氧化二钇(Y_2O_3),采用套算法研究了鳙(290. 02 g±2. 82 g)对鱼粉(国产)、干酒糟及其可溶物(DDGS)、菜籽粕、米糠、豆粕、酶解羽毛粉、棉籽粕、小麦麸、玉米蛋白粉和花生粕 10 种饲料原料中干物质、粗蛋白、粗脂肪、总能,以及氨基酸的表观消化率。结果发现,鱼粉、豆粕、花生粕、棉籽粕和菜籽粕都是配制鳙配合饲料的适宜原料,干物质、粗蛋白、粗脂肪和总能平均表观消化率(大于 84. 2%)均符合要求,其中鳙对鱼粉的利用效果最佳,平均表观消化率达 87. 8%,豆粕(85. 4%)和棉粕(85. 2%)次之(表 5 - 1),各饲料原料氨基酸的表观消化率均介于 65. 59% ~ 99. 17%之间,且小麦麸各氨基酸的表观消化率均比较低(表 5 - 2)。

表5-1·鲥对10种饲料原料中干物质、粗蛋白、粗脂肪和总能表观消化率

饲料原料	干物质	粗蛋白	粗脂肪	能量
鱼粉	85.7±1.1[a]	88.3±0.9[a]	91.1±0.5[a]	86.0±0.8[a]
豆粕	82.5±1.4[b]	84.8±1.2[b]	88.7±0.7[bc]	85.4±0.4[ab]
花生粕	81.6±2.4[bc]	84.7±1.5[b]	86.1±0.6[de]	84.4±0.5[ab]
棉粕	81.2±0.8[bcd]	85.3±1.4[b]	88.8±0.9[ab]	85.4±0.8[ab]
菜粕	80.4±0.9[cd]	83.7±1.6[bc]	88.9±1.2[ab]	85.9±0.6[ab]
干酒糟及其可溶物	80.9±1.1[cd]	81.5±1.7[d]	86.4±0.9[cd]	85.6±1.1[ab]
酶解羽毛粉	69.9±2.2[f]	81.3±1.6[d]	81.2±1.4[f]	81.9±1.6[c]
玉米蛋白粉	80.1±1.8[d]	73.5±1.9[e]	85.4±1.1[de]	84.0±1.2[b]
精米糠	76.4±2.3[e]	85.2±1.4[b]	83.8±0.8[e]	86.3±0.9[a]
小麦麸	76.1±1.9[e]	82.3±2.2[cd]	84.9±0.9[de]	84.5±0.6[ab]

注:同列无字母或数据肩标相同字母表示差异不显著(P>0.05),不同字母表示差异显著(P<0.05)。

表5-2·鲥对10种饲料原料氨基酸的表观消化率(余含等,2017)

饲料原料	苏氨酸	缬氨酸	精氨酸	蛋氨酸	异亮氨酸	亮氨酸	苯丙氨酸	组氨酸	赖氨酸
鱼粉	96.47± 0.17[ab]	96.50± 0.22[a]	98.68± 0.09[a]	98.15± 0.05[a]	96.78± 0.16[a]	97.57± 0.13[a]	96.65± 0.13[ab]	96.59± 0.05[a]	97.94± 0.14[a]
豆粕	95.32± 0.26[abc]	94.19± 0.33[bc]	98.64± 0.01[a]	94.11± 0.74[ab]	94.20± 0.38[b]	96.38± 0.23[b]	96.30± 0.19[ab]	95.44± 0.18[ab]	96.20± 0.16[ab]
花生粕	92.92± 0.16[cd]	92.86± 0.30[cd]	98.56± 0.05[ab]	91.91± 0.43[bc]	91.98± 0.23[c]	95.28± 0.16[c]	95.35± 0.20[b]	93.76± 0.32[abc]	91.70± 0.33[cde]
棉粕	92.65± 0.26[cd]	93.21± 0.71[bcd]	98.79± 0.03[a]	93.52± 1.69[ab]	91.31± 0.42[c]	94.85± 0.26[cd]	95.46± 0.19[b]	95.46± 0.70[ab]	94.66± 0.34[bc]
菜粕	92.94± 0.37[bcd]	92.38± 0.20[d]	97.78± 0.19[bc]	93.76± 0.46[ab]	90.84± 0.35[c]	94.23± 0.18[d]	92.61± 0.41[c]	92.77± 0.08[bc]	93.65± 0.33[bcd]
干酒糟及其可溶物	93.82± 0.23[bcd]	94.72± 0.05[b]	97.15± 0.03[cd]	95.22± 0.08[ab]	95.86± 0.03[ab]	96.35± 0.03[b]	96.90± 0.07[a]	96.50± 0.08[a]	89.40± 0.11[de]
酶解羽毛粉	97.38± 0.22[a]	97.91± 0.12[a]	99.17± 0.05[a]	92.07± 2.47[bc]	97.2± 0.18[a]	97.81± 0.14[a]	97.26± 0.14[a]	90.48± 1.90[c]	95.16± 0.24[abc]
玉米蛋白粉	92.68± 0.56[cd]	94.43± 0.13[bc]	96.42± 0.15[d]	95.04± 0.25[b]	94.51± 0.18[b]	97.91± 0.06[a]	96.23± 0.13[ab]	95.27± 0.16[ab]	88.44± 0.57[e]

续　表

饲料原料	苏氨酸	缬氨酸	精氨酸	蛋氨酸	异亮氨酸	亮氨酸	苯丙氨酸	组氨酸	赖氨酸
精米糠	90.51± 0.23[d]	87.10± 0.65[e]	97.68± 0.03[c]	87.32± 0.25[cd]	86.11± 0.46[d]	91.96± 0.18[e]	95.37± 0.04[b]	94.02± 0.18[abc]	93.03± 0.09[bcd]
小麦麸	75.37± 2.05[e]	75.81± 0.56[f]	94.60± 0.42[e]	82.49± 0.44[e]	65.59± 0.82[e]	81.06± 0.39[f]	79.72± 0.62[d]	80.17± 0.87[d]	82.13± 2.56[f]

注：同列无字母或数据肩标相同字母表示差异不显著($P>0.05$)，不同字母表示差异显著($P<0.05$)。

5.2.2 · 蛋白质的需要量

蛋白质是鲴生长和维持生命必需的营养物质，其不仅参与各组织的组成，而且也以酶和激素等形态参与生理、生化反应，是合成机体内一些重要物质的原料。同时，蛋白质是饲料成本中占比最大的部分，确定最优的蛋白质水平对优化饲料成本、保证鱼类良好生长和提高饲料蛋白质效率具有非常重要的意义。Santiago和Reyes(1991)研究发现，将蛋白质水平20%~50%以5%递增的梯度设计7组等氮等能饲料投喂鲴苗(3.8 mg±0.2 mg)7周，结果显示，鲴体重和体长的增长随着日粮蛋白质水平从20%增加到30%而增加，并随着蛋白质水平的进一步增加而下降，以饲喂30%蛋白质日粮鱼苗的体重增加(250 mg)和体长增加(15.7 mm)最高。王辅臣(2012)利用粉状慢沉性饲料对鲴(6.0 g±0.02 g)进行养殖试验，以增重率和特定生长率为指标，采用二次回归曲线分析发现，鲴对慢沉性饲料蛋白质的适宜需要量为34.65%~34.88%。武汉科洋生物工程有限公司采用精制饲料梯度法研究发现，鲴的蛋白质适宜需要量随水温的变化而变化：20℃水温时为25.32%~31.42%，25~30℃水温时为24.78%~39.50%；采用直线回归和抛物线回归两种方法分析发现，鲴对饲料中蛋白质需要量的范围为22.54%~30.12%(武汉科洋生物工程有限公司技术部，2005)。高光明和熊衍迪(2012)研究发现，鲴对饲料中蛋白质需要量的范围为23%~30%。

余含等(2019)对大规格鲴(174.57 g±1.49 g)的研究显示，以鱼粉、豆粕为主要蛋白源，制备蛋白含量分别为20%、24%、28%、32%、36%和40%的6种膨化饲料饲养鲴8周，鲴的生长性能(增重率、特定生长率、饲料效率)均在饲料蛋白含量为32%时达最佳值；当饲料蛋白含量为28%时，蛋白质效率和蛋白质保留率表现最好；当蛋白含量为28%时，后肠淀粉酶活性最高，中、后肠蛋白酶活性随饲料蛋白含量的提高呈先升后降的趋势，且均在蛋白含量为28%时达最高；36%和40%蛋白组的血清丙氨酸氨基转移酶和天门冬氨酸氨基转移酶活性显著高于其他组，32%蛋白组葡萄糖和补体C3含量显著高于其他组，而饲料蛋白水平对鲴血清中总甘油三酯、总胆固醇和溶菌酶均无显著影响；丙二醛含量及超氧化物歧化酶和过氧化氢酶活性都在 28% 蛋白组达最佳值,但与 32% 蛋白组无显著差异。以特定生长率和蛋白质效率为指标,采用二次曲线模型分析表明,鳊膨化饲料中蛋白质的适宜需求水平为 29.28%~32.44%。

日粮蛋白水平对鱼类的生长速度和机体健康起重要作用。鉴于肝脏是代谢和排毒的重要器官,Sun 等(2019)探究了日粮蛋白水平对鳊(175.25 g±10.33 g)血清生化指标、肝脏组织学和转录组谱分析的影响,饲喂高蛋白(40%)、低蛋白(24%)或最佳蛋白(32%,对照)日粮 8 周,结果显示,与 32% 蛋白组相比,24% 和 40% 蛋白组的肝脏形态发生了显著变化,同时血清天门冬氨酸转氨酶和丙氨酸转氨酶活性增加;使用 Illumina 平台对肝脏转录组 RNA 测序(RNA-Seq)分析,从头获得了 4 700 万条高质量 reads,组装成80 777 个独特的转录片段(单基因),平均长度为 1 021 bp。随后的生物信息学分析分别确定了 24% 蛋白组和 40% 蛋白组日粮对肝脏中 878 个和 733 个差异表达的单基因(DEG)的响应。KEGG 对 DEG 的富集分析确定了与免疫和代谢相关的途径,包括 Toll 样受体信号传导、PI3K-Akt 信号传导、NF-κB 信号传导、补体和凝血、过氧化物酶、氮代谢、PPAR 信号传导,以及糖酵解和糖异生途径。转录组分析结果通过实时定量 PCR 验证了 16 个选定的 DEG,这些发现拓展了日粮蛋白水平对鳊肝功能影响的分子机制的认识。

5.2.3 · 脂类的需要量

饲料脂肪过低可能导致鱼类生长缓慢,增加饵料系数,降低产值;而过高的饲料脂肪会在鱼体内蓄积,可能引发鱼类脂肪肝的生成(Dias 等,1998;孙瑞健,2012)。脂肪作为一种高能量营养物质,是鳊正常生命活动所需能量的重要物质来源;同时,脂肪具有维持细胞结构和保持细胞膜完整的重要功能,如磷脂是细胞膜的重要成分、固醇是体内合成醇类激素的重要物质等。脂肪还是脂溶性维生素吸收的介质。在饲料中添加脂肪,可以减少对蛋白质的消耗(高光明和熊衍迪,2012)。以 3% 大豆油、菜籽油、花生油、葵花油、玉米油作为鳊(42.65 g±0.26 g)的饲料脂肪源,研究显示,大豆油组的鳊生长性能最好,菜籽油组和花生油组的生长性能较差;而从肉品质方面来看,大豆油组、菜籽油组的鳊具有较好的肌肉持水力、质构特性及脂肪酸组成,菜籽油组的鳊具有较好的氨基酸品质(类延菊等,2022)。

王燕(2016)对鳊饲料适宜脂肪水平进行了研究,采用单因子浓度梯度设计,脂肪添加量分别为 0%、3%、6%、9%、12% 和 15%,配制成脂肪含量为 4.72%、7.31%、11.02%、14.90%、17.14% 和 19.37% 的 6 种试验饲料,以增重率、特定生长率为主要指标,采用二次回归曲线分析发现,初始平均体重为 3.28 g 鳊的饲料中适宜的脂肪水平为 7.77%~

8.31%;饲料脂肪含量为 11.02% 时,鲉肠长比(肠长/体长)达到最高值,能促进鲉消化酶的分泌,有利于鲉的生长。随饲料脂肪水平的增加,鲉全鱼粗蛋白含量呈先升高后降低的趋势。全鱼粗脂肪的含量随着饲料脂肪水平的增加而增加。随着饲料脂肪水平的增加,全鱼粗灰分含量、水分含量均呈现先下降后上升的趋势。饲料中的脂肪含量及脂肪酸组成会影响鲉肌肉中的脂肪酸组成及其含量。随着饲料脂肪水平的增加,鲉肌肉中 PUFA 的含量显著增加,肌肉中 SFA 含量呈现与 PUFA 相反的规律。饲料脂肪水平的增加对鲉肌肉中 ARA、EPA、DHA 的含量无显著性影响,表明鲉可能具有将 18C:2n-6 转化成 C20:4n-6 的能力。在脂肪含量 4.72%~11.02% 范围,随着饲料脂肪水平的增加,鲉的前肠、后肠及肝脏淀粉酶活性呈增加趋势;当饲料脂肪水平超过 11.02% 时,鲉前肠、肝脏淀粉酶活性呈下降趋势。当饲料脂肪水平为 11.02% 时,鲉前肠、肝脏蛋白酶活性最高,后肠蛋白酶活性具有相似的规律。饲料脂肪含量对鲉前肠和肝脏蛋白酶活性无显著影响。饲料脂肪含量 11.02% 能促进鲉消化酶的分泌,有利于鲉的生长。饲料脂肪含量为 11.02% 时,鲉肠长比达到最高值。随着饲料脂肪的增加,鲉肠道褶皱高度逐渐增加、杯状细胞数量先增加后下降。当饲料脂肪含量超过 11.02% 时,杯状细胞数量有减少的趋势。高光明和熊衍迪(2012)研究显示,鲉饲料中脂肪的添加量范围为 1.5%~6.0%,最适为 3.4%。

5.2.4 · 矿物质的需要量

矿物质在鲉体内主要有 8 种功能:① 形成强壮、结实的骨骼结构;② 维持体内酶系统;③ 维持体内酸碱平衡;④ 维持渗透压平衡;⑤ 鱼体组织组成成分;⑥ 与维生素产生互补作用;⑦ 发挥对肌肉和神经感应性的特殊效应;⑧ 刺激胚胎发育。鲉饲料中几种主要无机盐元素的需要量为钙 0.28%~0.95%、磷 0.45%~0.88%、钾 0.41%~0.57%、钠 0.14%~0.15%、镁 0.44%、铁 0.24%~0.28%,钙磷适宜比例为 1∶1(高光明和熊衍迪,2012)。

钙和磷是饲料无机部分的主要成分,也是鱼体硬骨组织的主要构成成分,直接参与鱼类骨骼系统的发育,其不仅可以影响鱼体内钙磷代谢,还能影响鱼类对饲料中其他矿物质的利用。提高对磷这一水体富营养化的主要限制性营养素的利用率,对保护养殖水环境具有非常重要的意义(Lall 和 Lewismccrea,2007;吉中力,2016)。研究显示,随着饲料钙水平(0.41%、0.72%、0.93%、1.15%、1.26% 和 1.59%)的增加,初始重为(105.52±0.33)g 鲉的终重、增重率和特定生长率呈先上升后下降的趋势,且在添加量 1.26% 时达到最大值;而饵料系数则呈现相反的趋势。高水平钙(1.59%)显著提高了血清谷丙转氨酶和血清谷草转氨酶的活性,并显著减少了血清中磷的含量;缺乏组(0.41%)的碱性磷酸酶活性显著升高。以饵料系数和特定生长率为评价指标,利用二次线性回归分析,鳊饲料适宜的钙水平为 1.26%,适宜钙磷比为 1.13(表 5-3)(Liang 等,2018)。Li 等(2022)以 6 种不同磷水平(0.90 g/kg、4.40 g/kg、8.30 g/kg、11.90 g/kg、15.50 g/kg 和 19.30 g/kg)的等氮等脂饲料投喂鳊幼鱼(初始体重 2.42 g±0.08 g),研究发现,饲料磷浓度为 8.30 g/kg 时,鱼体增重率(288.94%)和特定生长率(2.28%/天)最高,饲料转化率(饵料系数 1.91)最佳。体成分分析表明,添加磷饲料的鱼体全鱼、肌肉、脊椎骨和血浆中磷含量均高于对照组,而全鱼和肌肉中磷保留率和粗脂肪含量则与对照组相反。饲料磷水平为 11.90 g/kg 时,肠道脂肪酶活性最高(41.97 Ug/prot)。血浆总蛋白、白蛋白和球蛋白含量在饲料磷水平为 0.90~11.90 g/kg 时呈上升趋势,但随着磷水平的升高呈下降趋势。饲料磷水平为 0.90 g/kg 时,血浆甘油三酯(1.85 mmol/L)和总胆固醇(2.16 mmol/L)含量最高。基于增重率、全鱼率和脊椎骨磷含量的折线模型分析表明,鳊幼鱼磷的适宜需要量分别为 7.16 g/kg、9.02 g/kg、10.88 g/kg 和 11.04 g/kg。Ji 等(2017)研究了饲料磷水平(0.49%、0.71%、0.90%、1.12%、1.32% 和 1.59%)对大规格鳊(223.55 g±0.17 g)的影响,发现鱼体增重率和特定生长率随着饲料磷水平的升高而增加,随后呈下降趋势,并在磷水平为 1.12% 时达到最大值;而饵料系数则呈相反的趋势。全鱼体蛋白随着磷水平的升高而增加,脂肪含量随之减少。肝指数、血清总蛋白和白蛋白含量在磷水平为 1.12% 时达到最大值。葡萄糖水平随着磷水平的增加而升高,随后呈下降趋势,且在磷水平为 1.32% 时达到最大值。血清胆固醇、甘油三酯的含量及谷草转氨酶、谷丙转氨酶和碱性磷酸酶的活性虽受饲料磷水平的影响,但不显著。过量磷(磷水平为 1.32% 和 1.59%)显著上调了固醇调节元件结合蛋白-1(SREBP-1)和脂肪酸合酶(FAS)的相对表达量。以增重和饵料系数为评价指标,经折线模型回归分析发现,鳊饲料中磷的适宜添加量为 1.16%(图 5-1)。

表 5-3·钙磷比对鳊生长性能的影响(Liang 等,2018)

钙含量(%)	钙/磷	增重率(%)	饵料系数	特定生长率(%/天)	成活率(%)
0.41	0.36	61.80±1.04[a]	1.63±0.03[d]	0.86±0.03[a]	100±0
0.72	0.64	71.50±1.42[b]	1.41±0.02[c]	0.96±0.02[b]	100±0
0.93	0.82	74.60±1.14[bc]	1.36±0.02[bc]	1.00±0.01[bc]	100±0
1.15	1.04	78.81±1.86[c]	1.29±0.03[b]	1.04±0.04[c]	100±0
1.26	1.13	86.40±1.34[d]	1.18±0.02[a]	1.11±0.03[d]	100±0
1.59	1.43	77.29±1.40[bc]	1.31±0.04[bc]	1.02±0.01[bc]	100±0

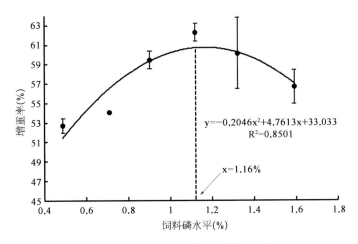

图 5-1 · 饲料磷水平对鲕幼鱼增重率的影响(Ji 等,2017)

铁是鱼类一种重要的必需微量元素,对维持鱼体正常的生理活动和代谢具有极为重要的作用。一方面,鱼类可以利用水环境中含有的游离铁离子,但这部分含量较少,不足以满足需要;另一方面,鱼类可以通过饲料中的铁来满足正常生命活动需要。因此,饲料是一种最重要的铁供给途径(萧培珍等,2009)。Feng 等(2020)评估了日粮铁水平对鲕生长,肝脏、脾脏和血液中的铁浓度,以及血液中转铁蛋白和铁调素浓度的影响。使用硫酸亚铁作为来源,将 6 种试验日粮配制成含有不同铁水平(0 mg/kg、43.1 mg/kg、84.2 mg/kg、123.3 mg/kg、162.2 mg/kg 和 203.1 mg/kg)的日粮。研究结果显示,123.3 mg/kg 日粮铁水平的增重率和特定生长率显著高于 0 mg/kg 组。当日粮铁含量增加至 162.2 mg/kg 时,血铁浓度显著降低后升高,铁调素显著降低后降低,转铁蛋白显著升高后降低。结果表明,随着铁调素含量的降低,转铁蛋白血含量显著增加,最高可达 264.63 μg/ml,然后降低。可见,在转铁蛋白饱和后,铁调素通过降低转铁蛋白的含量来维持血铁平衡。

5.2.5 · 糖类和维生素的需要量

以糖或淀粉形式存在的糖类是鲕能量的重要来源。糖类的主要生理功能是供给能量和构成组织的成分,如果饲料搭配得当,糖类的存在可以节约蛋白质的分解消耗。维生素是维持鱼体正常生理功能必需的营养物质。维生素已知的有 20 余种,鱼类常用的脂溶性维生素有 4 种,即维生素 A、维生素 D、维生素 E、维生素 K;水溶性维生素有 10 种,分为 B 族维生素、维生素 C 等。针对鲕饲料中糖类和维生素水平的研究极少,仅有一篇相关报道。在 25℃水温时,鲕对糖类的需求量为 22%~28%,对粗纤维的适宜需求量为 15%以下(高光明和熊衍迪,2012)。鲕对饲料中几种主要维生素的需要量(不包括饲料

原料中的含量）为：维生素 A 1 500 单位/kg、维生素 D 3 000 单位/kg、维生素
E 100 mg/kg、维生素 K 10 mg/kg、维生素 C 976 mg/kg、维生素 B$_1$ 16 mg/kg、维生素
B$_2$ 30 mg/kg、维生素 B$_{12}$ 12 mg/kg（高光明和熊衍迪，2012）。

饲 料 选 择

在鳙的养殖生产中，长期以来主要以施肥培养水中的浮游生物来为鳙提供天然饵
料。当鳙配养在各种池塘中时，由于投喂其他鱼的饲料粉料就是它很好的食物来源，一
般不再单独投喂粉料。单养或主养鳙时，为了提高鳙的生长速度和产量，一般要投喂相
应饵料。因为养殖水体中的浮游生物已无法满足大量鳙的需求，并且缺乏饲料粉料。精
养鳙可划分为 3 个阶段：一是鱼苗培育，由水花培育成 20~200 尾/kg 规格；二是鱼种养
殖，由 160~200 尾/kg 养至 0.15~0.5 kg/尾规格；三是成鱼养殖，由鱼种养至 1.5 kg/尾以
上的规格出售。鳙鱼苗、鱼种培育主要采用苗种池塘单独培育、成鱼养殖池塘中设置围
网培育两种。鳙水花培育阶段多数使用粉料或草鱼鱼种配合饲料浸泡后定点泼洒投喂，
日投喂次数在 5 次以上，投饲率 5.0%~8.0%。在鱼种养殖阶段，多数养殖户使用草鱼鱼
种配合饲料浸泡后定点泼洒投喂，养至规格 150 g/尾以上时使用膨化配合饲料投喂，并
逐渐开始全天不间断投喂（7:30—18:00），投饲率 3.0%~6.0%。成鱼养殖阶段主要使用
小颗粒膨化配合饲料定点投喂，全天不间断投喂，投饲率 1.5%~3.5%（米海峰等，2016）。

5.3.1 · 饲料要求

经驯化后，鳙摄食主要在水体表层进行，头部露出水面，绕食场缓慢游动并主动摄食
配合饲料。根据鳙的生活习性和摄食习性，以及从环保方面考虑，鳙饲料应该符合以下
要求。① 符合《无公害食品　渔用配合饲料安全限量》（NY 5072—2002）标准；② 符合
环保原则，在使用过程中尽量减少对水域的污染；③ 适口性、漂浮性和稳定性好，颗粒大
小适中，过小会随水流通过鳃耙返回水中，过大会因水流的反冲力吐出口腔，既浪费饲料
又污染水质，一般颗粒饲料的粒径 0.3~0.8 mm 比较合适；④ 破碎料大小一般在 0.5~
1 mm 为宜，因大颗粒饲料在破碎过程中容易产生粉末料，使大颗粒饲料表面光滑度破
坏、吸水性增强、容易散失，需调质熟化和添加黏合剂，以保持在水中的稳定性，要求漂浮
和稳定时间能保持 30 min 以上为宜（缪凌鸿等，2016；黄明等，2013）。

5.3.2 · 饲料类型

（1）粉状饲料

鳙是以吃浮游动物为主的上层滤食性鱼类，依靠特有的消化器官——海绵状鳃耙滤食 50~120 μm 的浮游动物。鳙不摄食沉性的颗粒饲料，也不能大量捕获小型浮游植物，但可以吞食人工提供的细颗粒状的悬浮物，如米糠之类的食物。根据这一原理，制作高蛋白、易消化的粉状料作为鳙饲料成为可能（刘家驹等，2012）。目前市场上的商品料通常为粉料，浮性强的饲料利用率可达 90%（黄安翔等，2011）。有一些饲料生产企业尝试过用人工投喂粉碎的配合饲料饲养鳙，但是由于受饲料加工工艺的制约，并缺乏针对性的鳙营养需要、鳙摄食粉状饲料的特点、粉状饲料投放水体后的理化性质变化等方面的研究资料，致使这些尝试所取得的效果比较有限。投喂粉料虽能加快鳙生长速度，缩短养殖周期 1~2 年，但是现有的粉状饲料入水后难以被鳙有效摄取，造成了饲料浪费和水体的严重污染。

（2）膨化饲料和慢沉性饲料

由于现有粉状饲料的效果差强人意，入水后难以被鳙有效摄取，造成了饲料浪费和水体污染（缪凌鸿等，2015）。随着加工工艺的提高，特别是膨化工艺的出现，为开发研究鳙专用饲料提供了必要的条件。优质的膨化饲料不仅具有易消化、易利用的特点，而且膨化饲料在水中长时间漂浮且营养不易流失的特性适合中上层群游鳙摄食（冷向军，2014；江星等，2013）。池塘高密度套养鳙并投喂膨化配合饲料已经得到养殖户的高度认可。随着鳙膨化配合饲料的成功推广、养殖户对鳙养殖和摄食认识的进一步加深，鳙精养、高密度套养等模式将会进一步发展（米海峰等，2016）。余含等（2019）通过投喂 6 种不同蛋白梯度的膨化饲料，研究了不同蛋白水平饲料对鳙生长性能、肝脏抗氧化能力、肠道消化酶活性和血清生理生化指标的影响，从而确定鳙人工配合饲料的最适蛋白需求量。浮性水产饲料主要应用于罗非鱼、鲤和草鱼的养殖（刘雄伟等，2007），其虽具有很多优点，但是对生活在中下层水体的养殖鱼类而言，不利于其摄食（张士罡等，2009）。通过挤压膨化工艺生产的慢沉性饲料下沉速度缓慢，能在水中保持一定时间，保证养殖鱼类有足够的摄食时间，特别适合生活在水体中下层的鱼类，还能减少沉性饲料存在的易溶失溃散、易污染水体等弊端。因此，通过挤压膨化工艺生产的慢沉性饲料，适用于生活在水体中下层的鳙。王辅臣（2012）采用单因素梯度试验设计方法，研究双螺杆挤压膨化加工鳙慢沉性饲料的制作工艺，并通过饲养试验确定鳙幼鱼对饲料蛋白的适宜需求量。研究显示,挤压膨化慢沉性饲料的工艺参数:物料水分含量 25%,机筒温度 90~115~130℃,物料油脂含量 7%~9%。

▧ (3)生物饲料

鱼类养殖中应用较多的生物饲料主要为发酵饲料。发酵饲料是指在人为调控下将饲料原料如豆粕、棉粕、菜粕等在微生物作用下发酵,然后再加工成饲料,原料中的营养因子经分解、合成而转化为更适合被动物吸收的养分,抗营养因子则被降解或消除,相比传统饲料具有易吸收、促生长、平衡动物肠道菌群的优势,可以满足目前水产养殖业发展需要(魏逸峰等,2021)。目前,已有一些研究将发酵饲料用于鳙的养殖中。魏逸峰等(2021)将优质豆粕、菜粕、玉米、麸皮等主要原料预处理后,采用专用微生物菌剂经多次深度发酵成生物饲料,饲料活菌数≥1.0×10⁷个/g,结果表明,用 10% 和 20% 发酵饲料替代等量日粮可以提高鳙(102.3 g±2.2 g)生长性能和饲料利用率。饲料经过微生物发酵后,饲料中植物蛋白源中的抗营养因子含量显著降低或者被消除;同时,部分大分子蛋白在微生物和酶的作用下分解成更利于动物直接消化吸收的小分子蛋白、小肽和氨基酸,饲料的营养价值得以提升,加之发酵饲料含有大量有益微生物,可能改善动物肠道微生物群落结构,从而提高了饲料利用率、改善了机体的生长性能,进而提高了动物机体对饲料的利用率。但研究也发现,发酵饲料替代比例较高时,非但不能显著提高鱼的生长性能,甚至还影响其生长。当发酵饲料替代量达 40% 时,已不具有显著促进鳙生长的效果,且增重率显著低于 20% 替代组,推测原因是发酵饲料蛋白源以植物蛋白为主,替代量过多会导致日粮营养失衡,不利于鱼的生长。在大水面养殖和池塘养殖中,生物饲料均表现出较好的提高增重率的作用(刘家驹等,2012)。

5.4

饲 料 配 制

随着市场对大规格鳙的需求不断扩大,利用全价配合饲料主养鳙的养殖模式逐步发展起来(高光明和熊衍迪,2012)。由于目前针对鳙营养需求的研究还相对匮乏,对不同规格、不同生长期鳙的蛋白质、脂肪、糖类、维生素、矿物质等的需求量还不明确。基于目前有限的研究基础,天津现代晨辉科技集团有限公司(2011)研究了一种适用于鳙食用的膨化配合饲料及其制备方法。饲料由以重量百分比计的下列成分组成:硫酸亚铁

0.000 3~0.007 5、无水硫酸铜 0.000 03~0.000 25、硫酸锌 0.000 2~0.002、维生素 A 0.000 2~0.000 4、维生素 D$_3$ 0.000 1~0.000 4、磷酸二氢钙 0.5~2、豆粕 15~25、鱼粉 3~10、菜粕 5~8、花生粕 10~15、糕饼改良剂 0.2~0.5，加面粉至 100。该膨化配合饲料不仅选用鱼粉、优质豆粕等原料来满足鱼体所需要的营养，使鱼体更加健康，而且还添加了能够使饲料蓬松、发酥的糕饼改良剂，并且经过膨化加工，因此可使产品酥松易散，便于采食，并可减少浪费。射阳海辰生物科技有限公司（2013）发明一种鳙饲料，该饲料由玉米面 50~60、花生秸秆 20~25、米饭 15~18、次粉 12~15、豆腐渣 15~18、米糠 12~15、豆粕 15~18、鱼粉 3~4、水蛭粉 3~4、醋糟 4~5、小水芹 8~10、轮虫 4~5、红薯秧 8~10、槐树叶 6~8、食盐适量、诱食剂 4~5 制得。所配制的鳙饲料从鳙的食性出发，添加了醋糟、小水芹、轮虫等原料，为鳙的生长发育提供充足的营养，喂饲的鳙增重明显，产量得到提高，同时饲料适口性好、利用率高，节约了养殖成本。石门县恒园果业合作社（2019）设计了一种鳙饲料配方，采用牛粪、鸡粪、水虫粉、硅藻粉、骨粉、豆渣粉、米糠粉制成，先将水虫、硅藻、豆渣、米糠烘干后磨成粉末，再将牛粪、鸡粪、水虫粉、硅藻粉、骨粉、豆渣粉、米糠粉加水混合搅拌后投入水体中上层。长时间通过该饲料养殖的鳙能有效提高成活率和增重量。

5.5

饲 料 投 喂

鳙属滤食性鱼类，不像其他吃食性鱼类那样，吃食明显、易控制，因此在投喂技术上除了遵循"四定"原则外，还应注意以下几点。一是投喂时间要延长，每次投喂控制在 1 h以上；延长微粒饲料在水中的悬浮时间，提高鳙对饲料的利用率（岳茂国等，2001）。二是特别注意避免浪费。手撒时，投喂要少量多次，每次投饲的速度放慢。

就不同养殖季节而言，当春天水温达到 15℃时，先人工在上风慢慢驯食，与驯食其他吃食性鱼类大同小异，但时间要稍长些。夏、秋季节水温在 26℃以上时，鳙生长最快，此时一定要结合水质管理加强投喂。鳙驯食成功后，投喂量一般为池鱼体重的 1%~3%，一天喂 2~3 次。投喂时鳙一般集群围绕在食场游转，头部半露水面，连水带饲料吞入口中。鳙整体表现不如其他吃食性鱼类激烈，相对温和得多，饵料系数一般为 2~3（许玉清等，2010）。

就不同养殖模式而言，池塘养殖中，鳙摄食行为缓慢，投喂漂浮性破碎料容易因风浪而造成饲料浪费，不便于诱导鳙集群摄食，也不利于观察摄食和生长情况。需设置固定投料框,框架由直径 10 cm 的钢管焊制,高 30 cm,用 30~50 目的聚乙烯纱窗布缝贴其上。根据目前投料机的投饵宽度和投饵距离,宽 6 m、长 8 m,四角连接成长方型框架,四周外边沿等距离固定 10 kg 塑料桶作浮球,使投料框浮在水面。可向塑料桶内装水调节框架上浮高度,其中水下 15 cm、水上 15 cm。将框架固定在投料机前,使饲料投放在投料框内,并根据鲌吃食情况调节投饵机投饵速度快慢和投喂量。网箱养殖中,网箱养殖鲌的投料框制作方法与池塘养殖用投料框相同,长、宽根据网箱大小确定,投料框长和宽比网箱小 1~1.5 m,四角固定在网箱框架上。每次投料量根据鲌放养密度、鱼体重量和投饵率确定,分次投入框内(黄明等,2013)。在网箱养殖下,一般还可把饲料装在布袋中,训练鱼触碰布袋从而根据鱼体需要获得足量的食物。投料点最好选择在上风口、安静、水深不要过深的地方,用竹子做个框架,将粉料撒在框架中央投喂。必要时,也可将粉料加水后泼洒,但要注意拌水均匀(黄安翔等,2011)。

此外,缪凌鸿等(2017)从不同投喂频率对鲌生长性能、肌肉品质及血液生化指标的影响角度进行研究和分析鲌的最佳投喂频率、综合生长性能、饵料系数、蛋白质利用率、肌肉组成和血液生化指标等,结果表明,当投喂频率为每天 5 次时,鲌可获得更好的生长,保持鱼体肌肉品质,且促进其自身免疫功能。

(撰稿:林艳、缪凌鸿)

6

鲌养殖病害防治

6.1

病害发生的原因与发病机理

6.1.1 · 非病原性疾病

由理化等环境胁迫因子、营养代谢障碍、机械损伤等非病原生物因素引起的鱼类病害称为非病原性疾病(non - infectious diseases)。在上述非病原因素中,有的单独引起水产养殖动物发病,有的由多个因素共同作用于养殖动物。当这些胁迫因子强度达到一定阈值或持续时间达到一定程度时,就会引发疾病(Leatherland 等,2010)。在当前高密度养殖条件下,非病原性疾病发生日益频繁和严重。对于鲻养殖而言,水质是最主要的胁迫因子。

由于高蛋白饲料的大量投喂,残饵、排泄物的分解常常引起水体中氨氮含量过高。氨氮包括分子氨(NH_3)和离子铵(NH_4^+)。在中性和酸性水体中,绝大部分以离子铵的形式存在;在碱性水体中,分子氨的含量随着碱性增加而迅速增加。在室温下,当 pH 为 7.5 时,分子氨含量为 1.2%;当 pH 为 9 时,分子氨含量上升到 28%。在水中溶解氧充足的情况下,氨氮会被氧化成亚硝酸盐和硝酸盐。亚硝酸盐和分子氨具有较高的毒性,由鳃丝进入血液,与血红蛋白结合形成高铁血红蛋白,降低运输氧气的能力,鳃丝呈暗红色,影响呼吸和摄食甚至导致鱼死亡,长期暴露在这样的水体中则会引起鳃丝肿大和鳃增生,降低免疫力。因此,分子氨浓度应控制在 0.02 mg/L 以下,同时避免水体 pH 偏高。生产上常通过生物过滤、硝化细菌、有机酸和补充氧气等途径去除和转化有毒的分子氨和亚硝酸盐,还可通过接种藻类和种植水生植物及时吸收和转移总氨氮含量(Roberts R., 2012)。

6.1.2 · 病原性疾病

水产养殖动物因感染病毒、细菌、真菌、寄生虫等病原生物而发生疾病。疾病的发生一般是病原体、宿主和环境三者相互作用的结果(汪建国,2013)。

病原体通常寄生于鱼体,直接引起病害。不同种类的病原体对宿主的致病力不同,病毒、细菌等传染性病原生物具有较强的毒力和传播能力,直接引起宿主细胞凋亡,或通过毒素作用于宿主细胞和组织;寄生虫寄生于宿主的不同部位,有的夺取宿主营养而影响生长,有的产生机械损伤而引起炎症或继发性感染。

水产养殖动物先天具有抵抗病原微生物感染的能力,但这种免疫力与宿主的年龄、生理状态、营养条件和生活环境等密切相关。如果宿主免疫力较高,则对病原生物不敏感,即不容易感染或感染后并不发病。因此,疾病发生与否,与宿主的免疫力密切相关。

水温、溶解氧、pH等环境因子不仅影响病原生物的生长、繁殖和传播,也严重影响宿主的生理状态和免疫力。

鲌病害生态防控关键技术

水产养殖动物疾病的生态防控要根据病原的流行病学,通过生物、物理和药物等措施和方法控制传染源、切断传播途径和保护易感宿主,从而预防和控制病害的发生和流行。

6.2.1 · 控制传染源的措施

用生石灰或茶饼等清塘,杀灭养殖水体和底泥中的病原体;鱼种在放养前用高锰酸钾或食盐进行消毒,清除体表病原体,防止苗种携带的病原体进入养殖系统;在养殖过程中,如果发现鲌死亡,应及时捞出病死鱼做无害化处理。

6.2.2 · 切断传播途径的措施

根据病原生物的流行病学控制每一个关键环节,阻断病原的发生、繁殖和传播。通过生物过滤、种植水生植物和接种藻类、益生菌等改善养殖水质,限制水中病原体的生长和繁殖;用药物杀灭和清除寄生虫的中间宿主,阻断寄生虫的生活史;利用病原的宿主特异性进行不同鱼类的合理混养,以减少病原体与易感鱼类的接触;合理控制鱼类养殖密度,可减少病原体的传播。

6.2.3 · 保护易感宿主的措施

通过免疫刺激剂和益生菌等提高宿主免疫能力,降低健康鱼类感染病原生物的风险;改善水质,降低鱼类的环境胁迫,提高免疫力;建立无特定疫病区,避免养殖鱼类与病原体接触。

鳙主要病害防治

鳙常见的细菌性疾病有细菌性败血症、烂鳃病、白头白嘴病、打印病,真菌性疾病有水霉病,寄生虫病有车轮虫病、三代虫病、指环虫病、锚头鳋病、鱼蛭病(潘金培,1988;刘健康和何碧梧,1992;张剑英等,1999;王桂堂等,2017)。

6.3.1 · 细菌性败血症

病原:嗜水气单胞菌(*Aeromonas hydrophila*)、温和气单胞菌(*Aeromonas sobria*)。革兰氏阴性菌,呈杆状,两端钝圆,能运动,极端单鞭毛,无芽孢,无荚膜。琼脂平板上菌落呈圆形,灰白色,半透明,表面光滑湿润,微凸,边缘整齐,不产生色素。R-S选择性培养基上菌落呈黄色,圆形。

症状与诊断:病鱼(图6-1)口腔、头部、眼眶、鳃盖表皮和鳍条基部充血,鱼体两侧肌肉轻度充血,鳃瘀血或苍白;随着病情的发展,病鱼体表各部位充血加剧,眼球突出,口腔颊部和下颌充血发红,肛门红肿。肠道部分或全部充血发红,呈空泡状,很少有食物,肠或有轻度炎症或积水;肝组织易碎,呈糊状,或呈粉红色水肿;有时脾脏瘀血,呈紫黑色;胆囊呈棕褐色,胆汁清淡。

图6-1·患细菌性败血症的鱼(头部充血、体表和内脏充血)

流行与危害:本病是我国养鱼史上危害鱼的种类最多、危害鱼的年龄范围最大、流行地区最广、流行季节最长、造成的损失最大的一种急性传染病。在池塘养殖中,一般最早发病的是鲫、鲢,随后是团头鲂、鳙。流行温度在9~36℃,其中28~32℃时出现流行高峰。6—7月容易急性暴发。该病的发生通常与池塘中淤泥累积、水质恶化、养殖密度过大、投喂变质饲料和不进行池塘消毒等因素有关。

防治：① 鱼种入池前要用生石灰彻底清塘消毒，池底淤泥过深时应及时清除；② 鱼种放养前用2%食盐水药浴5 min，或用0.5 mg/L的二氧化氯药浴10~20 min，或用10 mg/L漂白粉加8 mg/L硫酸铜药浴10~20 min；③ 每隔10~15天全池泼洒0.2~0.3 mg/L的溴氯海因；④ 经常全池泼洒EM菌粉，以改善池塘水质；⑤ 饲料中添加氟苯尼考1~2 g/kg，内服2~3天。

6.3.2 · 细菌性烂鳃病

病原：柱状黄杆菌（*Flavobacterium columnaris*）。曾用名：柱状屈桡杆菌（*Flexibacter columnaris*）、鱼害黏球菌（*Myxococcus pisciola*）、柱状嗜纤维菌（*Cytophaga columnaris*）。革兰氏阴性菌，好气兼性厌气菌。菌体细长，柔软易弯曲，两端钝圆。菌体长2~24 μm，无鞭毛，横分裂。在胰胨琼脂平板上，菌落呈黄色，扩散性，中央厚。最适生长温度28℃。在氯化钠浓度0.6%以上的环境中不生长。

症状与诊断：病鱼在池中离群独游，行动缓慢，反应迟钝，呼吸困难，食欲减退；肉眼检查，病鱼鱼体发黑，特别是头部。鳃丝上黏液增多，鳃丝肿胀、点状充血，呈红白相间的"花瓣鳃"；严重时，鳃丝末端坏死、腐烂（图6-2），软骨外露，鳃瓣边缘黏附大量污泥；病鱼鳃盖内表面充血、出血，中间腐蚀形成一个圆形或不规则的椭圆形的透明小窗，俗称"开天窗"；常伴随蛀鳍、断尾等情况。

图6-2 · 烂鳃病症状

流行与危害：该病常年可见，全国各养殖区都有流行。每年4—10月为流行季节，以7—9月最为严重。对各种养殖品种的鱼类都有危害，但主要危害草鱼、青鱼、鲢、鳙、鲫。水温20℃以上开始流行，28~35℃是最易流行的温度。常与肠炎、赤皮病并发，死亡率高。水中病原菌的浓度越大、鱼的密度越高、鱼的抵抗力越小、水质越差，则越易暴发流行。

防治方法：① 彻底清塘，鱼种下塘前用2%~4%食盐水浸浴5~10 min；② 发病池塘用碘制剂（或二氧化氯或生石灰）遍洒消毒；③ 动物的粪便中含有该病原，因此池塘施肥时应经发酵处理；④ 全池泼洒大黄（2~3 mg/kg），其用法是按1 kg大黄用20 kg水加0.3%氨水（含氨量25%~28%）置木制容器内浸泡12~24 h，使药液呈红棕色；⑤ 20~50 mg/kg鱼体重的氟哌酸（诺氟沙星），或100~150 mg/kg鱼体重的10%氟苯尼考拌饲料投喂,连续投喂 3~5 天。

6.3.3 · 白头白嘴病

病原:一种黏球菌(*Myxococcus* sp.)。菌落淡黄色,稀薄地平铺在琼脂上,边缘假根状,中央较厚而高低不平,有黏性,似一朵菊花。菌体细长,粗细一致而长短不一。革兰氏阴性菌,无鞭毛,滑行运动。

症状与诊断:病鱼从吻端到眼球一段的皮肤色素消退变成乳白色,唇似肿胀,张闭失灵,造成呼吸困难;口周围皮肤糜烂,微有絮状物黏附其上。在池边观察水面游动的病鱼,可见"白头白嘴"症状;个别病鱼颅顶充血,出现"红头白嘴"症状。病鱼反应迟钝,漂游下风近岸水面,不久死亡。该病要与车轮虫引起的白头白嘴病区分。

流行情况:该病是淡水养殖中夏花培育池中常见的一种严重疾病。一般鱼苗养殖20 天后,如不及时分塘,就易发生该病。该病发病快、来势猛、死亡率高,常会导致一日之间成千上万的夏花死亡。该病流行于夏季,5 月下旬开始,6 月为发病高峰,7 月下旬以后少见。我国长江和西江流域各养鱼地区都有此病发生,尤以华中、华南地区最为流行。

防治方法:① 生石灰 150 kg/667 m² 或漂白粉 20 kg/667 m² 清塘消毒;② 合理控制养殖密度,及时分池;③ 发病鱼池应全池泼洒 0.2 mg/L 的二氧化氯或 0.25 mg/L 的聚维酮碘溶液。

6.3.4 · 打印病

病原:病原菌为点状气单胞菌点状亚种(*Aeromonas punctata*)。本菌为革兰氏阴性菌,短杆状,极端单鞭毛,有运动力,无芽孢。本菌在琼脂平板上菌落呈圆形、微凸,表面光滑、湿润、边缘整齐,灰白色;在 R - S 培养基上菌落呈黄色。

症状与诊断:在病鱼肛门附近的两侧或尾柄基部出现圆形、椭圆形红斑,似在鱼体表加盖红色印章,故称"打印病"(图 6 - 3)。随着病情发展,病灶中间鳞片脱落,坏死的表皮和肌肉腐烂,病灶直径逐渐扩大、加深,形成溃疡,严重的甚至露出骨骼和内脏。病鱼

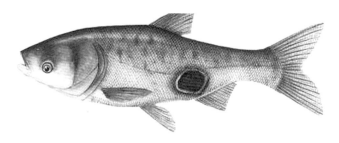

图 6 - 3 · 患打印病的鱼

游动缓慢,食欲减退,身体瘦弱,最终因衰竭而死亡。

流行与危害:该病主要危害鲢和鳙,从鱼种到亲鱼均可受害,特别是亲鱼更易被感染,严重的发病率可达80%以上。该病病程较长,虽不引起大批死亡,但严重影响鱼的生长、商品价值和亲鱼的性腺发育和产卵,严重的可导致死亡。该病在全国各地都有流行,且四季均可发生,尤以夏、秋季常见。病原菌为条件致病菌,当鱼体受伤时易感染发病。

治疗方法:① 预防同细菌性烂鳃病;② 发病池塘可用 1 mg/L 的漂白粉或 0.4 mg/L 的三氯异氰尿酸全池泼洒;③ 用 2~2.5 kg/667 m² 苦参熬汁,或用五倍子 1~4 g/m³,全池泼洒;④ 亲鱼患病时,可用1%高锰酸钾溶液消毒病灶,再涂抹金霉素或四环素软膏,严重的肌肉或腹腔注射硫酸链霉素 20 mg/kg 或金霉素 5 mg/kg。

6.3.5 · 水霉病

病原:水霉病又称肤霉病。在我国淡水水产动物的体表及卵上发现的水霉有十多种,其中最常见的是水霉(*Saprolegnia*)、绵霉(*Achlya*)和丝囊霉(*Aphanomyces*)3 个属的种类,隶属于卵菌纲(Oomycetes)、水霉目(Saprolegniales)。由于表现出丝状生长等特点,水霉目的种类传统上都归为真菌类,也叫腐生菌,但最新的分类系统将卵菌纲从真菌界(Fungi)划分到藻界或不等鞭毛类(stramenopiles)。

症状与诊断:菌丝从伤口侵入时,肉眼看不出异常,当肉眼看到向外长出的棉花样菌丝时,菌丝已深入肌肉蔓延扩展。本病因向外生长的菌丝似灰白色棉花状,故称"白毛病"。病鱼通常在水面游动迟缓(图 6-4)。

图 6-4 · 患水霉病的鱼

流行与危害:水霉在淡水水域中广泛存在,在国内外养殖地区都有流行。虽然水霉病一年四季都可发生,但水霉菌繁殖适温为 13~18℃,早春和晚冬最易发生。鱼体受伤是水霉病发生的重要诱因。捕捞、运输、体表寄生虫寄生和越冬冻伤等均可引起鱼体表受伤,导致水霉病发生。

当环境条件不良时,外菌丝的尖端膨大成棍棒状,同时其内积聚稠密的原生质,并生出横壁与其余部分隔开,形成抵抗恶劣环境的厚垣孢子,有时在1根菌丝上反复进行数次分隔,形成1串念珠状的厚垣孢子。在环境适宜时,厚垣孢子就萌发成菌丝或形成动孢子囊。水霉的有性繁殖是通过藏卵器中卵孢子与雄器内雄核结合形成受精的卵孢子,最后藏卵器壁分解后释放出的休眠孢子经过几个月萌发成有短柄的动孢子或菌丝。

由于水霉菌能分泌一种酶素分解鱼体组织,故鱼体受刺激后会分泌大量黏液。病鱼表现焦躁不安,运动不正常;患病后期,病鱼游动迟缓,食欲减退,最后因瘦弱而死亡。

防治方法: ① 捕捞、运输后,用2%~5%的食盐溶液浸洗5~10 min;② 用400 mg/L的食盐+400 mg/L的小苏打(碳酸氢钠)合剂浸泡病鱼24 h;③ 用2~3 mg/L的亚甲基蓝或0.15~0.2 mg/L的二氧化氯全池泼洒,隔天重复1次;④ 用3~5 mg/L的五倍子全池泼洒,维持24 h后换水,连续使用2~3次。

6.3.6 · 车轮虫病

病原: 车轮虫(*Trichodina*)为淡水鱼类中常见的纤毛虫,寄生于鳡的鳃和体表,寄生种类有显著车轮虫(*T. nobillis*)、杜氏车轮虫(*T. domergues*)、卵形车轮虫(*T. oviformis*)、微小车轮虫(*T. minuta*)和眉溪小车轮虫(*T. myakkae*)等。

车轮虫外形侧面观呈帽形或碟形,隆起的一面为口面,另一面为反口面。反口面为圆盘形,周缘有1圈较长的纤毛,在水中不停地波动,使虫体运动。内部结构主要由许多个齿体逐个嵌接而成的齿轮状结构——齿环构成,运动时犹如车轮旋转,故称车轮虫(图6-5)。

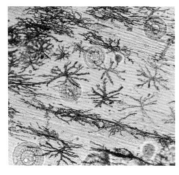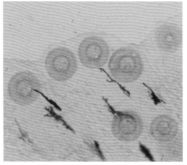

图6-5 · 鱼体表寄生的车轮虫及车轮虫的形态

症状与诊断: 病鱼焦躁不安,呼吸困难,不摄食,鱼体消瘦发黑。因患病鱼集群沿塘边狂游,故俗称"跑马病"。车轮虫虫体较小,肉眼很难看到,但可见病鱼体表和鳃部黏液分泌增多,体表有时有一层白翳。

流行与危害:车轮虫病的流行范围广泛,我国几乎所有的鱼类养殖区都有可能发生和流行。车轮虫可以感染几乎所有的淡水养殖鱼类,是淡水养殖鱼类最严重的寄生虫病之一。车轮虫对鱼的年龄没有选择性,但主要危害苗种。车轮虫一年四季都有发生,但主要发生在4—8月;另外,在越冬密养的鱼池中也会出现这种病,并造成危害。车轮虫为兼性寄生的寄生虫,离开鱼体一样可以生活,并且随时可以感染鱼类。在水质不良、食料不足、放养过密、连续阴雨等条件下,容易发生车轮虫病。

防治方法:① 在苗种放养前,用 8 mg/L 的硫酸铜或 2% 的食盐溶液浸泡 10~20 min;② 治疗用 0.7 mg/L 的硫酸铜、硫酸亚铁合剂(5∶2)全池遍洒。

6.3.7 · 三代虫病

病原:寄生于鲢、鳙的鳃和体表的三代虫(图 6-6)是鲢三代虫(*Gyrodatylus hypophthalmichthysi*)。最新研究发现,感染观赏鱼、斑马鱼的三代虫(*G. banmae*)也能大量感染鲢、鳙的苗种。三代虫为卵胎生,大约 3 天一胎;靠宿主间传播,脱落的三代虫在短时间内也能再次感染新宿主。

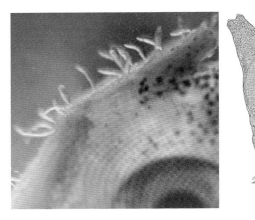

图 6-6 · 寄生于鱼头部的三代虫及其形态

三代虫作蚂蟥状伸缩运动。头器分成 2 叶,虫体前部无黑色眼点,后端有一膨大呈盘状的固着器,内有 1 对中央大钩、联接棒和 7 对边缘小钩。由于三代虫个体较小,一般长 0.2~0.5 mm,肉眼很难看到,但仔细观察鱼体表可发现因三代虫的刺激而导致病鱼分泌一层灰白色的黏液。患病鱼常出现蛀鳍现象,鳃部黏液增多。

症状与诊断:在感染早期,鱼类会用鳍条刮擦池壁,鱼体表黏液增多。在中度到偏重度感染时,病鱼会出现跳跃行为,在池壁上摩擦鳍条,黏液进一步增多。重度感染的病鱼变得反应迟钝,游动缓慢,经常在水流较缓的地方出现,体表会因为黏液的增多而变得灰白,或者体色暗黑、无光泽,背鳍、尾鳍和胸鳍的边缘出现糜烂,食欲减退,呼吸困难。

流行与危害:三代虫病主要发生在春季。该病在全国各地都有发现,以前主要流行于长江流域和两广(广东、广西)地区,但近些年来北方病例也较多。三代虫主要危害鱼苗和鱼种。

三代虫主要依靠锚钩和边缘小钩固定在宿主的鳃丝和体表,利用口器吸食宿主鳃部的黏液和上皮细胞,直接造成机械损伤,刺激分泌大量的黏液,直接引起宿主死亡。

防治方法:① 用 0.2~0.4 mg/L 的晶体敌百虫或 0.7 mg/L 的甲苯咪唑全池泼洒;② 用 0.2 mg/L 的次氯酸钠全池泼洒可以将三代虫从鱼体驱离。

6.3.8 · 指环虫病

病原:寄生于鲴的是鲴指环虫(*Dactylogyrus aristichthys*)。指环虫通常寄生于鱼的鳃部,其生活史不需要中间宿主,通过纤毛幼虫直接感染宿主。指环虫每天持续产卵 5~10 枚,1 周左右即可孵化出纤毛幼虫,因此,指环虫病传播迅速。指环虫通常有较强的宿主特异性,即一种指环虫只寄生一种鱼类。指环虫遇到药物等刺激后,会从鱼体脱落,并发生应激性产卵。

指环虫虫体较小,一般长 0.1~2.0 mm,作蚂蟥状伸缩运动;头器分成 4 叶,虫体前部有 4 个黑色眼点,后端有一膨大呈盘状的固着器,内有 1 对中央大钩、联接棒和 7 对边缘小钩。小鞘指环虫虫体稍大,长 0.98~1.40 mm,大钩粗壮。联结片矩形,较宽,中部似有空缺。交接管粗壮而弯曲。鲴指环虫虫体长 0.20~0.70 mm,大钩基部较宽,分叶明显,联接棒呈倒"山"字形(图 6-7)。

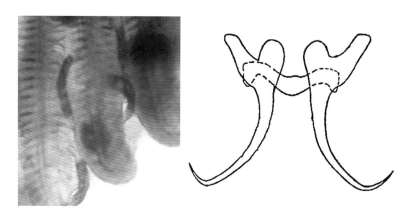

图 6-7 · 鱼鳃部寄生的指环虫及鲴指环虫的锚钩和联结棒形态

症状与诊断:严重感染指环虫的病鱼,体色发黑,游动缓慢,食欲减退,瘦弱;鳃丝黏液增多,鳃瓣呈灰白色,呼吸困难。感染指环虫的鱼苗鳃部浮肿,鳃盖难以闭合。

流行与危害：以前认为指环虫病主要流行区在长江流域，但是，近些年来北方发现的病例越来越多，南方流行的势头也未减。鳙的指环虫病主要发生在春季，但在冬末（2月）开始就有较高的感染数量，在秋季也有一个感染高峰。指环虫主要危害苗种，但对成鱼的危害也很大。

指环虫主要依靠锚钩和边缘小钩固定在宿主的鳃丝上，利用口器吸食宿主鳃部的黏液和上皮细胞，直接造成鳃部的机械损伤，刺激鳃部分泌大量的黏液，影响呼吸功能，导致宿主死亡。同时，还会引起病毒、细菌等病原生物的继发性感染。

防治方法：① 在鱼种下塘前，用 1 mg/L 的晶体敌百虫或 15~20 mg/L 的高锰酸钾浸泡鱼体 20~30 min；② 用 0.2~0.4 mg/L 的晶体敌百虫或 0.7 mg/L 的甲苯咪唑全池泼洒；③ 用 0.1~0.2 mg/L 的晶体敌百虫和面碱（按 1∶0.6 混匀）全池泼洒，由于指环虫受到药物刺激后，会发生应急性产卵，所以必须连续用药 2 次，且第 2 次用药应在第 1 次用药后 5~7 天进行，在幼虫成熟前将其杀灭；④ 狼毒大戟的乙酸乙酯提取物也有较好的杀灭效果；⑤ 网箱养殖的鱼类，可按每天 50 mg/kg 体重的甲苯咪唑混合饲料投喂，连续用 3 天。

6.3.9 · 锚头鳋病

病原：寄生于鲢、鳙体表和口腔的锚头鳋种类是多态锚头鳋（*Lernaea polymorhpa*），而寄生于草鱼体表的是草鱼锚头鳋（*L. ctenopharyngodontis*），寄生于鲤、鲫等多种鱼类的是鲤锚头鳋（*L. cyprinacea*）。

锚头鳋虫体较大，细长，成虫一般长 6~15 mm，圆筒状，肉眼可见；虫体分头胸、胸、腹三部分，各部分没有明显的界线；头胸部最明显的是几丁质的分角；胸部较长，不分节；腹部有一对卵囊，末端 2 根尾叉。多态锚头鳋头胸部的背角呈"一"字形，与身体纵轴垂直，向两端逐渐变细，稍向上翘起；在背角左右两侧的中间部向背面各分生出一短枝，有时或缺。腹角短小，位于背角中央，似 1 对乳突。

症状与诊断：病鱼在发病初期烦躁不安，食欲减退，继而身体消瘦，行动迟缓。小鱼会失去平衡，活动失常。感染锚头鳋的鱼体表有突出的红肿斑点，血斑上面有针状物，故该病又称"针虫病"；大量感染时，鱼体上好似披着蓑衣，因此也叫"蓑衣虫病"（图 6-8）。

由于不同发育时期锚头鳋的形态不同，因此要仔细分清虫体处于"幼虫、童虫、壮虫和老虫"的哪一个时期。幼虫：从无节幼体到第 4 桡足幼体生活在水中，头胸部有 2 对触肢，身体节数逐渐增加；第 5 桡足幼体寄生鱼体表。童虫：寄生鱼体的第 5 桡足幼体各胸节伸长，头胸部开始出现分角。整个虫体如细毛，白色，无卵囊，着生部位有血斑。壮虫：头胸部分角明显，身体透明，后部常有一对绿色的卵囊。老虫：身体混浊、变软，体表常着生许多藻类或原生动物。

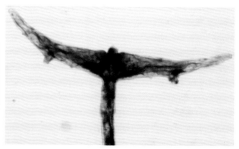

图 6 - 8 · 体表寄生的锚头鳋及多态锚头鳋形态

流行与危害：锚头鳋病在我国呈全国性分布，流行季节在南、北方有所差异，在华南地区春、夏、秋季都能流行，长江流域及以北地区一般以秋季比较严重。锚头鳋病可致鱼种大面积死亡，也可影响 2 龄以上鱼类的生长和繁殖。虫体在夏季寿命为 20 天左右，春季为 1~2 个月，而在秋、冬季节可达 5~7 个月。

锚头鳋依靠几丁质头角插入鱼体肌肉，引起鱼体表寄生部位出血，导致鱼摄食减少、游动失去平衡、生长发育缓慢，甚至引起其他病原菌的继发性感染。

防治方法：① 用生石灰清塘，杀灭水中幼虫；② 在放养鱼种时，如发现锚头鳋寄生，可用 10~20 mg/L 的高锰酸钾药浴；③ 对发病鱼池，可用菊酯类农药全池泼洒，也可用 90% 的晶体敌百虫按 0.3~0.5 mg/L 的浓度全池泼洒。杀灭水中的幼虫，每 7~10 天用药 1 次；童虫阶段至少用药 3 次；壮虫阶段需用药 1~2 次；老虫阶段可不用药，待虫体脱落后即可获得一定的免疫力。

6.3.10 · 鱼蛭病

病原：湖蛭（*Limnotrachelobdella* sp.）隶属于吻蛭目（Rhynchobdellida）、鱼蛭科（Piscicolidae）。虫体长 3~6 cm，淡黄色，呈椭圆形。身体前后端各有一个吸盘，后吸盘大于前吸盘，前吸盘背面有 2 对黑色眼点，口位于前吸盘内，前吸盘后有颈部。身体两侧有突出的搏动囊，能有节律地搏动。中华湖蛭（*Limnotrachelobdella sinensis*）的搏动囊有 11 对，一般只寄生于鲤、鲫。最新研究发现，寄生于鳙鳃部的湖蛭（图 6 - 9）与中华湖蛭形态相似，但只有 10 对搏动囊，且 ITS 序列相似性低于 90%，可能为湖蛭属的一个新种。

症状与诊断：鱼蛭依靠后吸盘吸附在宿主的鳃弓和鳃耙上，另一端游离在鳃丝上吸血。打开鳃盖，如果虫体较大，可直接看到鱼蛭；如果虫体较小，则需要分开鳃片才可在鳃内缘看到虫体。寄生有鱼蛭的鱼体焦躁不安，严重的引起贫血，鳃丝发白。

流行与危害：目前，我国上至东北、下至华南、西至青藏高原、东至长江中下游平原，许多大水面的鳙都受到鱼蛭病的威胁，有些地区鳙的鱼蛭感染率达到 90% 以上。成熟的

图6-9 · 鲥鳃部寄生的鱼蛭及鱼蛭形态

鱼蛭在夏季离开鱼体到水中产卵,在秋季孵化和发育,在12月开始感染,此时在鲥的鳃部可以发现小个体鱼蛭。鱼蛭在5月可达到性成熟,6月开始离开宿主,一直持续到7月,8月以后在鱼鳃上已基本找不到鱼蛭。

鱼蛭主要吸食宿主的血液,会造成宿主贫血,影响摄食和生长,也存在携带椎体中的风险。鱼蛭的寄生会严重影响鲥的商品价值。

防治方法:① 3 mg/L硫酸铜铁合剂能有效杀灭水蛭,被杀死的水蛭周围有白色絮状物;② 2 mg/L以上二氧化氯能杀死水蛭,使虫体变白;③ 1 mg/L敌百虫能杀死水蛭,使虫体收缩并分泌黏液。这几种药物的有效浓度都高于全池泼洒的浓度,可用于鱼体浸泡,但无鳞鱼慎用。

（撰稿：李文祥、王桂堂）

7

贮运流通与加工技术

7.1

加 工 特 性

　　鳙又名花鲢、胖头鱼、包头鱼、大头鱼、黑鲢、麻鲢,属于鲤形目、鲤科,是著名的"四大家鱼"之一,又有"水中清道夫"的雅称(罗文水等,2014)。

　　鳙属于高蛋白、低脂肪、低胆固醇的鱼类,具有较高的营养价值(表7-1)。鳙的脂肪含量较低,且大部分为不饱和脂肪酸(表7-2)。蛋白质的氨基酸组成情况,决定蛋白质的质量。鳙富含多种人体必需的氨基酸,包括赖氨酸、亮氨酸、苏氨酸和组氨酸等(表7-3)。另外,鳙还富含维生素 C、维生素 B_2、钙、磷、铁等营养物质。了解鳙的加工特性可以更好地开发对应的鱼制品(罗文永等,2014)。加工特性主要包括保水性、凝胶特性、乳化特性、发泡特性及加热特性等。

表7-1·鳙各部位主要成分(%)(以湿基计)

部　位	水　分	灰　分	蛋　白	脂　肪
鱼肉	78.94±0.10	1.67±0.35	17.90±0.36	0.12±0.09
鱼皮	71.79±0.39	0.86±0.20	24.28±2.15	0.88±0.14
鱼骨	66.68±2.36	8.19±0.26	14.57±0.99	1.27±0.68
鱼鳞	71.38±0.39	9.46±1.66	21.64±1.42	0.11±0.03
鱼内脏	74.23±1.95	0.87±0.09	11.70±0.50	10.13±1.64

数据来源: 中国农业大学水产品加工研究室。

表7-2·鳙各部位氨基酸含量(g/100 g)(以湿基计)

氨基酸	鱼 肉	鱼 皮	鱼 骨	鱼 鳞	鱼内脏
门冬氨酸	1.57±0.06	1.58±0.08	1.35±0.41	0.71±0.02	1.11±0.07
谷氨酸	1.81±0.13	1.98±0.16	1.47±0.36	1.43±0.10	1.50±0.08
丝氨酸	0.70±0.14	0.99±0.06	0.65±0.14	0.87±0.03	0.63±0.09
甘氨酸	2.18±0.32	5.69±0.12	1.34±0.30	5.87±0.06	3.89±0.91

续　表

氨基酸	鱼　肉	鱼　皮	鱼　骨	鱼　鳞	鱼内脏
组氨酸	0.22±0.13	0.08±0.04	0.16±0.05	0.31±0.04	0.24±0.02
精氨酸	1.20±0.28	1.65±0.03	0.98±0.28	1.77±0.08	1.31±0.33
苏氨酸	0.57±0.15	0.72±0.02	0.56±0.09	0.62±0.09	0.45±0.10
丙氨酸	0.06±0.01	0.07±0.01	0.04±0.01	0.23±0.14	0.07±0.01
脯氨酸	0.82±0.11	1.22±0.28	0.48±0.20	0.29±0.18	1.30±0.17
酪氨酸	0.11±0.03	0.14±0.02	0.13±0.02	0.17±0.02	0.09±0.01
缬氨酸	0.82±0.16	0.93±0.13	0.81±0.15	0.44±0.01	0.55±0.17
蛋氨酸	0.49±0.10	0.59±0.04	0.46±0.09	0.84±0.07	0.36±0.07
胱氨酸	0.01±0.00	0.02±0.00	0.02±0.00	0.38±0.08	0.14±0.07
异亮氨酸	0.64±0.18	0.71±0.03	0.69±0.14	0.70±0.03	0.46±0.09
亮氨酸	0.62±0.17	0.68±0.04	0.65±0.13	0.93±0.00	0.49±0.16
苯丙氨酸	0.58±0.14	0.73±0.07	0.61±0.06	0.48±0.04	0.49±0.11
赖氨酸	2.04±0.44	2.09±0.24	2.12±0.36	0.22±0.02	1.03±0.27
总氨基酸	14.44±2.25	19.87±1.73	12.52±2.79	16.26±1.01	14.11±2.73

数据来源：中国农业大学水产品加工研究室。

表 7 - 3　鲻各部位脂肪酸组成比例含量（%）（以湿基计）

脂肪酸	鱼　肉	鱼　皮	鱼　骨	鱼内脏
c14：0	2.64±0.56	4.04±0.80	3.16±0.67	3.96±0.24
c15：0	0.29±0.05	0.34±0.00	0.17±0.21	0.46±0.01
c16：0	17.83±1.51	17.83±0.83	17.01±1.33	17.93±0.67
c17：0	1.18±0.08	1.09±0.05	1.18±0.07	1.18±0.06
c18：0	5.94±0.26	5.27±0.03	4.63±0.08	4.10±1.81
c20：0	0.26±0.13	0.33±0.14	0.25±0.15	0.47±0.03
c21：0	0.14±0.01	0.20±0.02	0.10±0.08	0.08±0.08
c22：0	0.50±0.11	0.66±0.04	0.74±0.04	0.62±0.18
c24：0	0.11±0.07	0.10±0.03	0.11±0.04	2.07±0.09

脂 肪 酸	鱼　肉	鱼　皮	鱼　骨	鱼内脏
c14: 1	1.74±0.21	1.80±0.05	1.97±0.30	0.07±0.03
c15: 1	0.05±0.01	0.06±0.04	0.03±0.01	9.04±1.26
c16: 1	6.20±0.43	7.83±0.30	7.84±0.73	1.39±0.05
c17: 1	1.12±0.16	1.10±0.25	0.88±0.73	13.81±1.88
c18: 1n9	15.63±3.36	19.02±1.55	17.06±0.33	1.42±0.09
c20: 1	1.20±0.02	1.49±0.09	1.41±0.16	0.23±0.04
c22: 1n9	0.20±0.01	0.20±0.06	0.23±0.04	0.17±0.01
c24: 1	0.04±0.02	0.25±0.00	0.16±0.04	2.07±0.09
c18: 2n6 LA	6.41±0.33	6.01±0.67	6.76±0.24	7.08±0.84
c18: 3n6	0.49±0.08	0.68±0.02	0.72±0.09	0.54±0.22
c18: 3n3 LNA	6.08±0.47	6.77±0.24	7.85±0.32	7.80±0.31
c20: 2	0.79±0.16	0.80±0.08	0.93±0.11	0.80±0.15
c20: 3n6	0.54±0.07	0.49±0.04	0.57±0.11	0.56±0.04
c20: 3n3	0.91±0.16	0.90±0.09	1.04±0.12	1.08±0.07
c20: 4n6	4.58±0.69	2.69±0.30	2.86±0.23	2.96±0.16
c22: 2	1.53±0.18	1.73±0.05	1.76±0.24	1.89±0.06
c20: 5n3 EPA	6.54±0.83	4.11±0.40	5.32±0.61	4.97±0.20
c22: 6n3 DHA	6.58±1.36	3.49±0.23	3.99±0.84	4.35±0.20
$\sum$ SFA	28.87±2.09	29.85±1.35	27.36±2.27	28.93±1.49
$\sum$ MUFA	26.17±2.54	31.76±0.57	29.58±1.58	28.20±0.80
$\sum$ PUFA	33.65±4.43	26.86±1.44	30.88±2.94	31.22±1.59

数据来源：中国农业大学水产品加工研究室。

7.1.1 · 保水性

保水性是指肌肉保持其原有水分和添加水的能力,通常用持水力、肉汁损失和蒸煮损失等表征鱼肉保水性的优劣。鱼肉所处环境的 pH、离子类型和离子强度的变化都会影响鱼肉的保水性。蛋白质与水分子的相互作用,不仅影响鱼肉的保水性,而且影响肌肉蛋白质的溶解性,而溶解性又会影响蛋白质的凝胶特性、乳化特性和发泡特性等加工特性(李燕等,2020;陈康妮和罗永康,2019)。

保水性对于鱼糜加工有很大的影响。在鱼糜制品加工中,漂洗是非常重要的一步,通过漂洗可除去鱼肉中的有色物质及腥臭成分,并能提高鱼肉蛋白凝胶的形成能力。不同的漂洗方法对鳙鱼糜制品的质量有很大的影响。使用清水漂洗时,由于可使肌浆中蛋白除去,而使鱼肉中肌原纤维蛋白含量相对增加,这是由于与鱼肉保水性有关的蛋白主要是肌原纤维蛋白,这样就使鱼肉的失水率下降,即鱼肉的保水性提高。使用盐水漂洗时,会形成一定的离子强度,这样不仅会损失肌浆蛋白,而且一部分盐溶性蛋白即肌原纤维蛋白也会损失掉,影响鱼肉的保水性。使用碱水漂洗时,会使鱼肉 pH 升高,且偏离等电点较多,使许多蛋白质溶解,在这样的漂洗中会加剧鱼肉的蛋白质损失。

7.1.2 · 凝胶特性

鲢、鳙是鱼糜制品的重要原料鱼种。凝胶特性对于鱼糜制品的质量有着至关重要的影响。鱼肉蛋白的凝胶形成能力决定了鱼糜制品的凝胶强度、质构特性、感官特性和保水性。影响鲢、鳙鱼糜凝胶特性的因素包括鲢、鳙的新鲜度、大小、季节,以及加工过程中的漂洗方法、擂溃条件和加热方式等。

鱼糜类制品在加工过程中要添加淀粉、磷酸盐、食盐、乳清蛋白、大豆蛋白等成分,这些物质的添加量对鱼糜的质量和凝胶特性有一定的影响。例如,在模拟虾、蟹肉的生产中,添加淀粉会改进凝胶强度、改善组织结构,并能降低产品的成本。使用的淀粉种类不同,对鱼糜凝胶的影响也不同。通过添加食盐和多聚磷酸盐可以提高鱼肉的离子强度,进而提高鱼糜的凝胶特性和保水性。

7.1.3 · 乳化特性与发泡特性

乳化特性与发泡特性对分散和稳定鱼糜制品中的脂肪、改善鱼糜制品的滋味和口感具有重要作用。在斩拌过程中,鱼肉中蛋白质在液态的脂肪滴或固态的脂肪颗粒与水分子之间形成亲水性的膜,脂肪被包埋在蛋白质网络中并保持稳定,从而表现出乳化作用。肌球蛋白在鱼肉蛋白质的乳化作用中起到重要作用。鱼肉的乳化特性受蛋白质的环境 pH、溶解度、离子强度、温度及加工工艺的影响。蛋白质所带的电荷随着 pH 的变化,表面的带电情况及溶解性随之变化,其乳化能力及乳化稳定性同样也发生变化。当 pH 接近肌原纤维蛋白的等电点时,蛋白质溶解度下降,蛋白凝聚,带电荷减少,蛋白质之间的经典排斥力下降,乳化性下降。肌原纤维蛋白的乳化活力随着温度的升高而降低。斩拌温度低,鱼肉的乳化作用较好。

7.1.4 · 加热变性

加热是鲢、鳙鱼制品加工过程中的重要工序,能够赋予食品特定的组织结构、风味和色泽,同时也是确保食品卫生安全的主要措施。不同的加热温度会使肌肉中的蛋白质发生不同程度的变性或降解,导致其组织特性和感官质构的差异。有学者以鳙背部肉为原料,研究了加热温度对鱼肉质构的影响,发现水浴加热温度在 50~60℃ 时,鱼背部肉硬度、凝聚性和弹性均降低,导致鱼肉咀嚼性迅速降低;随着温度继续升高,鱼肉的咀嚼性基本保持不变,但超过 100℃ 后有较轻微的下降趋势。鱼肉咀嚼性受鱼肉的硬度影响较大,变化趋势与鱼肉硬度的变化趋势接近。随着加热温度的升高,肌球蛋白逐渐变性,鱼肉的弹性、凝聚性、回复性均下降。当温度达到 60℃ 以上时,肌球蛋白完全变性,温度再升高肌动蛋白开始变性,弹性、回复性均上升,直到温度达到 80℃ 时,肌动蛋白完全变性。当鱼肉温度达到 80℃ 以上时,随着温度的升高,肌纤维收缩加剧,鱼肉汁液流失增大,鱼肉中水分含量下降,从而使弹性、凝聚性、回复性等指标下降。另外,当温度大于 70℃ 时,鱼肉中胶原蛋白的溶出加剧,这也可能是导致鱼肉弹性等指标变化的一个主要原因(桂萍等,2018)。

7.1.5 · 冷冻变性

冷冻贮藏是原料鱼及其制品的主要保鲜方式。但是,鱼肉中的肌原纤维蛋白组织比较脆弱,极易发生冷冻变性。鱼肉冷冻变性程度与冻结速度、冻藏温度、解冻方法等因素密切相关(周龙安等,2016)。

由于冷冻会对蛋白质造成负面影响,使肌原纤维发生变性或聚合,鱼糜在冻藏过程中会丧失一部分功能。可采用一些抗冻剂来抑制鱼糜蛋白冷冻变性。目前常用的商业抗冻剂主要是 4%蔗糖、4%山梨醇和 0.3%复合磷酸盐。有研究发现,非还原性二糖的海藻糖对生物脱水具有保护作用,能抑制冻藏过程中盐溶性蛋白活性、降低巯基含量和增加表面疏水性,延缓鳙肌原纤维蛋白的冷冻变性,其效果优于蔗糖和山梨醇混合物。茶多酚对冷冻鱼糜在贮藏期内含水量的减少有一定的抑制作用,能延缓冷藏鱼糜凝胶强度的降低。

7.2
保鲜贮运与生鲜鱼制品加工技术

鱼类在贮藏和加工过程中,因其体内或体表所带的微生物和酶的作用会引发一系列生化反应,出现僵直、解僵和自溶现象,导致腐败变质。因此,在鱼的运输、贮藏及加工过程中,必须采取有效的保鲜措施,以控制鱼体新鲜度下降和腐败变质。微生物和酶的作用均与温度有关。在低温情况下,微生物会停止繁殖甚至死亡,酶的活性也会减弱,故低温保鲜是最有效、应用最广泛的保鲜方法。当鱼体所处环境温度低于微生物的最适生长温度时,微生物的生长代谢会受到抑制。目前全球范围内采用的低温冷链贮运一般选择0~4℃的冷藏保鲜、−2~0℃的冰温保鲜、−4~−2℃的微冻保鲜以及−40~−18℃的冻藏保鲜这4个温度带范围。为了保持鲜度或减缓腐败速度、充分发挥鳙的经济价值,通常采用降低贮藏温度、添加保鲜剂、制成加工产品等方式达到延长货架期的目的(Jia 等,2019;Zhang 等,2019;刘晓畅,2020;Zhang 等,2020)。

7.2.1 · 低温保鲜技术

引起鳙腐烂变质的主要原因是微生物的腐败作用及内源酶的作用结果。而腐败作用的强弱与温度紧密相关。一般而言,降低贮运温度可以延缓鱼肉的腐败情况,从而达到延长鱼肉货架期的目的。当温度低于−18℃时,可以完全抑制微生物的生长。低温保鲜技术主要包括冷藏、冰藏、微冻及冷冻贮藏等(周龙安等,2016;Jia 等,2019)。

(1)冷藏保鲜

将宰杀并洗净的鱼体或经过分割的鱼体置于洁净的冷却间,采用冷却空气冷却鱼体并在0~4℃冷库中进行贮藏的一种保鲜方法。空气冷却通常在温度−1~0℃的冷却间内进行,冷却间蒸发器可用排管或冷风机。空气是常用的气体冷却介质,方便、费用较低。但是,由于冷却的空气对流传热系数小、冷却速度慢,不适合处理大批的鱼货,而且长时间用空气冷却鱼体易造成鱼体表面氧化和干耗。因此,冷藏保鲜适合短时间贮藏。

挥发性盐基氮(TVB−N)的增加是由于鱼体肌肉中蛋白质、核苷酸及游离氨基酸等含氮物质在肌肉内源酶及腐败微生物的共同作用下发生降解导致的,因此 TVB−N 值的变化经常用于评价鱼体在贮藏过程中的品质劣变。腐胺、尸胺和组胺通常被认为是能够引起水产品品质劣化的生物胺,可以作为水产品新鲜度的评价指标(Zhang 等,2019)。

鳙在贮藏前6天,TVB−N 值上升缓慢(图7−1)。以后,随着微生物数量的上升,微生

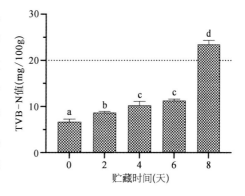

图7−1 · 鳙肉在4℃贮藏条件下 TVB−N 值的变化情况

(刘晓畅,2020)

物对蛋白质等含氮物质的降解作用增强,TVB-N 值迅速增加。至第 8 天时,鲥肉的 TVB-N 值上升至 23.52 mg/100 g,超过 20 mg/100 g 的安全限量(刘晓畅,2020)。

鲥肉的初始菌落总数为 3.6 log CFU/g(图 7-2),在贮藏过程中鲥肉的菌落总数逐渐增加。至第 6 天时,菌落总数达到 7.7 log CFU/g,超过菌落总数的限度要求(7.0 log CFU/g)。鲥肉中初始的假单胞菌和气单胞菌数量分别为 2.3 log CFU/g 和 2.1 log CFU/g。在贮藏过程中,假单胞菌和气单胞菌的生长迅速,第 4 天时分别达到 6.0 log CFU/g 和 5.4 log CFU/g,第 8 天时,分别为 8.5 log CFU/g 和 8.3 log CFU/g。产硫化氢菌是指一类能够利用无机和有机含硫物质产生硫化氢的细菌,鲥肉中初始的产硫化氢菌数量为 2.2 log CFU/g,贮藏过程中产硫化氢菌的数量显著低于菌落总数,第 8 天时达到 7.0 log CFU/g(刘晓畅,2020)。

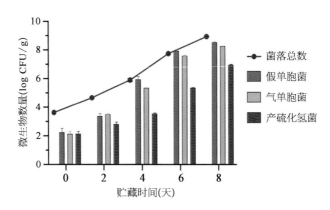

图 7-2 · 鲥肉在 4℃贮藏条件下微生物数量的变化情况

(刘晓畅,2020)

■ (2)冰藏保鲜

冰藏保鲜是以冰为介质,将鱼的温度降至接近冰的融点。由于冰的冷却容量大、对人体无害、价格低廉、原料便于获取和携带,且能够保持鱼体表面湿润,使鱼体获得更好的感官品质,因此在鲥的保鲜手段中,冰藏保鲜应用十分广泛(夏文水等,2014)。

在冰藏保鲜操作过程中,必须保证环境清洁并且尽量防止对鱼体造成破坏和微生物污染。首先需要在容器的底部和壁上放置干净的碎冰,第二步是将鱼整条放入,紧密与冰层贴合,鱼背向下或者向上略微倾斜;在鱼层上均匀撒上一层冰,然后按照一层鱼一层冰的顺序继续放入贮藏容器内,最上层的冰层要放置较厚的碎冰。冰藏保鲜的保鲜期因鱼的种类不同而有所差异。鲥在冰藏条件下的次鲜级货架期为 6~9 天。

（3）冰温保鲜

冰温保鲜是指贮藏温度控制在 0℃ 以下至冻结点之间进行贮藏的方法。在冰温保鲜的过程中，能够有效抑制微生物生长、脂质氧化、非酶褐变等，可以较长时间使鱼肉保持良好的品质状态。由于冰温保鲜的鱼体内水分并不冻结，因此能够利用的温度区间较小，温度的管理要求极为严格，这也是限制其应用的重要因素。为了扩大鱼肉在冰温保鲜过程中的温度区间，一般可采用降低冻结点的方法，如添加可以与水结合的盐类、糖类、蛋白质、酒精等物质，以减少鱼肉中的自由水。鳙的冰温保鲜期可达 12 天左右（夏文水等，2014）。

（4）微冻保鲜

微冻保鲜是将水产品的温度降低至略低于其细胞质液的冻结点，并且在该温度（一般为 -3℃ 左右）进行贮藏的方法。微冻又名超冷却或者轻度冷冻。相对而言，微冻冷藏对鱼体冻害并不严重，可以有效保持淡水鱼鲜度，所需设备简单、费用低，且能有效地抑制细菌繁殖、减缓脂肪氧化、延长保鲜期，并且解冻时汁液流失少，鱼体表面色泽好，所需降温耗能比较少。鳙的微冻保鲜期可达 20~28 天（夏文水等，2014）。

（5）冻藏保鲜

冷藏、冰温和微冻保鲜的贮藏时间都比较短，一般只有 5~30 天。为了满足更长时间的贮藏需求，则必须将鱼体温度降至 -18℃ 以下并在 -18℃ 以下温度贮藏。由于在冻结和冻藏过程中，鱼体存在干耗现象，可以采用镀冰衣方法贮藏。不同的冻结速度会影响冰晶形成的数量和体积，缓慢冻结会形成少量的冰晶且粗大，存在于细胞间隙；快速冻结会形成大量冰晶，但冰晶体积较小，均匀地存在于细胞内外。因此，快速通过 0~-5℃ 温度带并达到目标贮藏温度，有利于鱼体解冻后肌肉组织水分的均匀分布及保持良好的鲜度。在冻藏处理前，还可将冻好的鱼体浸入预先冷却的 4℃ 清水中，使鱼体镀上一层冰衣。镀冰衣可使鱼体隔离氧气，保持稳定的微环境，抑制微生物的生长活动，防止鱼体内部水分蒸发和升华以及变温对鱼体造成影响。冻结速率快、冻藏温度低，鱼的品质就保持得好，贮藏期也会延长（Zhang 等，2020）。

7.2.2 · 生鲜鱼制品加工技术

冷冻水产品是我国产量最大的水产加工品。随着我国经济的发展，人民生活水平的提高，特别是当代年轻人对水产预制菜越发青睐，消费者对冷冻包装的生鲜制品和调理制品的需求量开始迅速增加。

(1) 冷冻鲟鱼片

① 工艺流程：原料鱼(鲟)→冲洗(洗去鱼体表面的黏液与其余污渍)→前处理→冲洗(洗去血渍与鱼体内部黏液)→或去皮→切片(由脊骨分开切成两片)→整形→冻前检验→浸液→装盘→速冻→镀冰衣→包装→冻藏→解冻使用。

② 操作要点：主要有以下几点。

原料选择：原料应当选择鲜活的鲟。鲟头部较大、约占身体的1/3,个体规格一般选择1.5 kg以上的。

原料前处理：运送至工厂的鲜活鱼要先经过清洗,然后去鳞,去鳃,剖杀,去内脏,去头,洗净,去黑膜。

去皮：根据需要,可以去皮或不去皮。

切片：一般采用手工切片的方式,根据客户的需求选择合适的切割方法。

整形：将割好的鱼片在带网孔的塑料筐中漂洗后再进行整形,切去鱼片上残存的鱼鳍,用手逆肉纤维摸刺,除去鱼片中的骨刺、黑膜、鱼皮、血痕等。

检验：将鱼片进行灯光检查,若发现寄生虫则弃用。

浸洗：通常用一定浓度的复合磷酸盐溶液,溶液温度保持在5℃左右。鱼片置于溶液中浸泡,浸泡后的鱼片要沥干水分。

称重分选：将控好水的鱼片分选,根据客户的要求按片数、固定重量分选。

摆盘：将沥完水的鱼片横摆在不锈钢盘上,鱼片之间不能重叠,用手轻抹鱼的表面,使鱼表面光滑,然后在鱼片上放一层塑料薄膜,从一端向另一端整形,将鱼片捋直,周边要光滑,最上面一层剖面向上。

速冻：将盘送入速冻装置中快速冻结,待鱼片中心温度达到-18℃时脱盘。

冻后检验：脱盘后的产品应重新过秤,抽出带黑膜、白膜、瘀血、刺等杂质的及颜色不正常的鱼片。

镀冰衣：将冻鱼片放入预先冷却至4℃的清水或溶液中,使其外面镀上一层冰衣,以隔绝空气,防止氧化和干燥,保持品质。

包装：将出冻后的鱼片进行包装。

冷藏：于-18℃以下冷库中冷藏。

(2) 冷冻鲟鱼头

① 工艺流程：鲟→冲洗(洗去鱼体表面的黏液与其余污渍)→取头→洗净→浸液→

包装→速冻→冻藏。

② 操作要点：主要应从以下几方面入手。

原料选择：原料鱼应当选择鲜活、无污染的鳙，鱼头规格应在1 kg以上。

原料前处理：运送至工厂的鲜活鳙在宰杀后先要经过冲洗，然后去鳞取头，洗净。

浸液：用复合磷酸盐溶液浸泡，之后沥水。

包装：采用聚乙烯薄膜袋包装，真空封口。

速冻：将包装后的产品进行速冻，使中心温度降低至-15℃以下。

冻藏：产品进一步包装并及时放入-18℃以下温度的低温冷库中进行贮藏，库温波动不宜超过±2℃。包装箱与库体、包装箱堆垛之间应留有一定的距离，以保证冷风的正常循环。出厂运输时应先将冷藏车厢内温度降至-20℃以下，以确保装卸货时的温度稳定。

（3）冷冻鳙鱼片、鱼头质量标准

① 感官指标：鱼片薄厚均匀、冰衣完整无破损；鱼片表面无由干耗和脂肪氧化引起的变色现象，色泽正常；解冻后鱼片肌肉组织紧密有弹性，仍具有鱼肉的特殊香味，无杂质。

② 微生物指标：菌落总数≤$5×10^5$ CFU/g，不得检出致病菌。

③ 操作规范参考标准：《食品安全管理体系 水产品加工企业要求》（GB/T 27304—2008）；《出口水产品质量安全控制规范》（GB/Z 21702—2008）。

④ 产品质量参考标准：《冻鱼》（GB/T 18109—2011）；《冻淡水鱼片》（SC/T 3116—2006）。

鱼糜及鱼糜制品加工技术

鲢、鳙是淡水鱼糜及制品的主要原料鱼种。鱼糜制品通常是将鱼经去头、去内脏、切片、采肉、漂洗、脱水、精滤处理，再经过加盐擂溃制成黏稠的鱼肉肌原纤维浓缩物，然后再经过调味做成预定的形状之后，最后再进行水煮、油炸、烘烤、烘干等加热或者干燥处理而制成的具有一定弹性的水产品。鱼糜及鱼糜制品主要有鱼丸、鱼糕、鱼香肠、鱼卷、模拟蟹肉、鱼面等（夏文水等，2014；杨华等，2016）。

我国的鱼糜制品拥有悠久的历史,如福州鱼丸、云梦鱼面等都是我国具有代表性的鱼糜制品。随着我国不断引进冷冻鱼糜和鱼糜制品技术及国内科研工作者的不断开发,我国的鱼糜产业由传统手工加工发展到大规模机械化生产,鱼糜制品年产量呈现增加趋势。2019年我国鱼糜制品的产量突破139万吨,成为水产行业中的支柱产业。然而,在快速发展的同时,鱼糜产业也暴露了很多问题,部分加工企业综合技术较滞后、加工率较低、副产物利用率低,并且鱼糜制品的单一性无法满足人们日益增长的要求。如今鱼糜制品不仅要求营养丰富、口感鲜嫩、方便食用,而且要求其种类多样、色味俱全等。所以,从国内外发展看,鱼糜及鱼糜制品将是低值淡水鱼加工的主要方向,其发展空间巨大。

7.3.1 · 影响鱼糜凝胶形成的因素

鱼糜凝胶形成能力是评价鱼糜品质的重要指标之一。了解鱼糜凝胶的形成及其影响因素,对提高鱼糜及鱼糜品质至关重要。鱼肉蛋白主要分为盐溶性蛋白(肌原纤维蛋白)、水溶性蛋白(肌浆蛋白)和不溶性蛋白(基质蛋白),其中盐溶性蛋白(肌动球蛋白、肌球蛋白)是参与鱼糜凝胶三维网络结构形成的重要蛋白,而水溶性蛋白会干扰鱼糜蛋白网络结构的形成,过多的不溶性蛋白也对鱼糜凝胶产生负面影响,所以鱼糜生产中要求尽量除去水溶性和不溶性蛋白,而保留最大量的盐溶性蛋白。鱼糜凝胶过程主要分为3个阶段,即低温凝胶化、凝胶劣化和鱼糕化。凝胶化是指鱼糜盐溶性蛋白经斩拌、食盐作用下溶解形成黏稠且可塑性的溶胶状态,在50℃前,此溶胶中的肌球蛋白和肌动蛋白分子形成一种比较松散的网络结构,溶胶变为凝胶。鱼糜凝胶化一般是内源性转谷氨酰胺酶催化反应作用,同时在pH、离子强度等因素影响下,凝胶中的肌球蛋白分子的二级结构(α-螺旋结构)不断解旋,蛋白质分子之间通过疏水相互作用和二硫键作用形成较稳定的凝胶;当温度达到50~70℃时,鱼糜凝胶体发生劣化现象,凝胶性能变差。凝胶劣化现象主要因其内源性组织蛋白酶类水解肌球蛋白,导致鱼糜凝胶微观网络结构破裂。影响鱼糜凝胶形成的主要因素有以下几个方面(夏文水等,2014)。

▨ (1) 鱼种对凝胶形成的影响

鱼种不同,鱼糜凝胶形成的能力也有所不同。鲢、鳙都属于较难凝胶化和易凝胶劣化的鱼种。

▨ (2) 鱼的新鲜度对凝胶形成的影响

鲢、鳙鱼糜制品的弹性与原料鱼的鲜度有一定的关系,随着鲜度的下降,其凝胶形成能力和弹性也逐渐下降。当鱼死亡后,pH 下降、ATP 酶活性增强、ATP 开始迅速分解,同时肌球蛋白纤维和肌动蛋白结合,并且形成收缩态的肌动球蛋白,导致其凝胶化能力下降。

（3）擂溃条件对凝胶形成的影响

擂溃和斩拌是鱼糜制品生产中的重要工序,擂溃方式对鱼肉蛋白凝胶强度的影响也比较显著。

（4）盐溶性蛋白对凝胶形成的影响

鱼糜制品弹性的强弱与鱼类肌肉中所含盐溶性蛋白有关,尤其是肌球蛋白的含量对凝胶形成影响较大,肌球蛋白含量较高的鱼糜制品的强度也比较强。鲢、鳙的盐溶性蛋白含量接近,新鲜鲢、鳙的盐溶性蛋白含量为 120 mg/g 左右。

（5）漂洗对凝胶形成的影响

水溶性蛋白质含有妨碍凝胶形成的酶类和诱发凝胶劣化的活性物质,这些因素对弹性的影响尤为明显。在鱼肉凝胶形成过程中,水溶性蛋白质和盐溶性蛋白质缠绕在一起,既影响盐溶性蛋白质被食盐溶出,又妨碍盐溶性蛋白质和水分的结合,成为不保水的凝胶结构,从而影响到制品的弹性。当水溶性蛋白质与盐溶性蛋白质在鱼肉中一起加热时（50~60℃）,会有部分水溶性蛋白质因受热而凝集在盐溶性蛋白质之中,致使盐溶性蛋白质尚未凝固便沉淀,影响凝胶网状结构的均匀分布而使制品弹性下降。此外,水溶性蛋白质中存在多种活性很强的热稳定蛋白酶,加热经过 50~60℃温度带时表现出强活性导致鱼糜制品凝胶劣化现象的发生。

对于鲢、鳙而言,一般可直接用清水漂洗。在漂洗的过程中加 2~5 倍冷却水,将水与鱼肉混合慢速搅拌,使水溶性蛋白等成分充分溶出,静置使鱼肉充分沉淀后倾去漂洗液。

（6）加热条件对凝胶形成的影响

加热过程是鱼糜制品生产中不可缺少的重要环节,其主要作用是使擂溃过程中相互缠绕成纤维状盐溶性的肌动球蛋白溶胶以网络结构固定下来,把溶胶中的水分封闭在网状结构中而形成凝胶。一般而言,对于鱼糜的生产会有 3 种不同的加热方式,即一段加热、二段加热和持续加热。

7.3.2 · 鱼糜制品加工

鱼糜制品的种类繁多,采用不同的加热方法、成型方法、添加剂种类及用量,可以生产出各类鱼糜制品。根据加热方法可以分为蒸煮制品、焙烤制品、油煎制品、油炸制品和水煮制品等。根据形状不同可分为串状制品、板状制品、卷状制品和其他形状制品;依据添加剂的使用情况可分为无淀粉制品、添加淀粉制品、添加蛋黄制品、添加蔬菜制品和其他制品。虽然鱼糜制品的种类很多,但其基本的工艺过程是相同的,原料鱼经过采肉、漂洗和精滤后,添加食盐及其他辅料,再通过擂溃、成型和加热后即为制品。也可用冷冻鱼糜为原料,解冻后经擂溃、成型和加热制成具有一定弹性的鱼糜制品。

▪ (1) 鱼圆

鱼圆又称鱼丸,是我国传统的、最具代表性的鱼糜制品,深受人们喜爱。根据加热方式可分为水发(水煮)鱼圆和油炸鱼圆,一般作配菜或煮汤食用。水发鱼圆色泽较白,富有弹性,并具有鱼肉原有的鲜味。因此,对原料及淀粉的要求较高。

① 工艺流程:原料鱼→前处理→采肉→漂洗→脱水→精滤(或绞碎)→擂溃(或斩拌)→调味→成型→加热→冷却→包装。

冷冻鱼糜→半解冻→擂溃(或斩拌)→调味→成型→加热→冷却→包装。

② 操作要点:主要包括以下要点。

擂溃:擂溃时间不宜过长,防止因鱼糜升温而引起变性,影响鱼糜凝胶的强度。

成型:工业化生产采用鱼丸成型机成型,成型后放入冷水中收缩定型。

冷却:熟化后的鱼圆采用水冷或风冷快速冷却。

包装:冷却后,剔除不成型、炸焦等不合格品,最后进行包装。

保藏:采用冷藏或冻藏。

③ 质量指标:主要从感官指标、操作规范和产品质量参考标准方面评价。

感官指标:个体大小基本均匀、完整、较为饱满、白度较好、口感爽、弹性好、有鱼鲜味。

操作规范参考标准:《食品安全管理体系　水产品加工企业要求》(GB/T 27304—2008);《出口水产品质量安全控制规范》(GB/Z 21702—2008)。

产品质量参考标准:《冻鱼糜制品》(GB/T 41233—2022);《绿色食品鱼糜制品》(NY/T 1327—2018)。

（2）即食鱼饼

近年来水产品的发展更加趋向年轻化、便捷化,因此即食鱼糜休闲食品成为人们购买深加工水产品的重要选择。即食休闲鱼糜制品就是将产品真空密封后,在121℃条件下进行高温杀菌,灭菌后的产品不仅能开袋即食,增加了食用方便性,还能显著延长鱼糜制品的货架期和贮藏期。

① 工艺流程:鳙→前处理→采肉→漂洗→脱水→精滤（或绞碎）→擂溃（或斩拌）→成型→定型→熟化→调味→装袋封口→灭菌→包装→检验→成品。

鳙鱼糜→配料→擂溃→成型→定型→熟化→调味→装袋封口→灭菌→包装→检验→成品。

② 操作要点:主要包括以下几点。

擂溃:先进行空擂破坏鱼肉的组织细胞,然后进行盐擂使盐溶性蛋白质溶出,形成一定的黏性,最后加入其余辅料斩拌均匀。

成型:将擂溃处理后的鱼糜与添加剂混合物放入成型器内成型。

熟化:定型后的鱼糜制品进行烘焙加热,使鱼糜制品内部发生凝胶化。

包装杀菌:将鱼糜制品在121℃条件下进行高温杀菌并且加入调味剂进行冷藏包装。

③ 质量指标:主要从感官指标、操作规范和产品质量参考标准方面评价。

感官指标:个体大小基本均匀、完整、较为饱满、白度较好、口感爽、弹性好、有鱼鲜味。

操作规范参考标准:《食品安全管理体系 水产品加工企业要求》（GB/T 27304—2008）;《出口水产品质量安全控制规范》（GB/Z 21702—2008）。

产品质量参考标准:《冻鱼糜制品》（GB/T 41233—2022）;《绿色食品鱼糜制品》（NY/T 1327—2018）。

（3）鱼糕

鱼糕属于较高级的鱼糜制品,对其弹性、色泽的要求较高,因此,作为鱼糕生产用的原料应新鲜、脂肪含量少和肉质鲜美,尽量不用褐色肉,而弹性强的白色鱼肉配比应适当增多,如选用冷冻鱼糜,则应使用中高档等级的产品。鱼糕的品种可以按制作时所用配料、成型方式、加热方式以及产地等加以区分,如单色鱼糕、双色鱼糕、三色鱼糕;方块形、叶片形鱼糕;板蒸、焙烤以及油炸鱼糕;小田原、大阪鱼糕等。花色品种繁多,且各具特色。

① 工艺流程:原料鱼→前处理→采肉→漂洗→脱水→精滤→擂溃→调配→铺板成

型→内包装→蒸煮→冷却→外包装→装箱→冷藏。

冷冻鱼糜→半解冻→擂溃→调配→铺板成型→内包装→蒸煮→冷却→包装→装箱→冷藏。

② 操作要点：主要包括以下几点。

擂溃：擂溃方法分为空擂、盐擂和拌擂。先空擂，使鱼肉肌纤维组织破坏；然后加盐进行盐擂使盐溶性蛋白质溶出，形成一定黏性；再加其他辅料拌擂均匀即可。

成型：小规模生产常用手工成型，工业化生产采用机械成型，如日本的 K3B 三色板成型机。由螺旋输送机将鱼糜按鱼糕形状挤出，连续铺在板上，然后再等间距切开。

加热：鱼糕加热有焙烤和蒸煮两种。焙烤是将鱼糕放在传送带上，以 20~30 s 通过隧道式远红外焙烤机，使表面有光泽，然后再烘烤熟制。一般蒸煮较为普遍，通常采用连续式蒸煮器。我国生产的均为蒸煮鱼糕，95~100℃加热，使鱼糕中心温度达到 75℃ 以上。最好的加热方式是先 45~50℃ 保温，再迅速升温至 90~100℃ 进行蒸煮，这样会大大提高鱼糕弹性。

冷却：鱼糕蒸煮后立即放入冷水中冷却，使鱼糕吸收加热时失去的水分，防止因干燥产生皱皮和褐变。冷却后的鱼糕中心温度仍很高，通常要放在冷却室内继续自然冷却，冷却室空气要经过净化处理。

包装与贮藏：冷却后的鱼糕，用自动包装机包装后装入木箱，放入 0~4℃ 保鲜冷库中贮藏。一般鱼糕在常温下可保存 5 天，在冷库中可贮藏 20~30 天。

③ 质量指标：主要从感官指标、操作规范和产品质量参考指标方面评价。

感官指标：个体大小基本均匀、完整、较为饱满、白度较好、口感爽、弹性好、有鱼鲜味。

操作规范参考标准：《食品安全管理体系 水产品加工企业要求》(GB/T 27304—2008)；《出口水产品质量安全控制规范》(GB/Z 21702—2008)。

产品质量参考标准：《冻鱼糜制品》(GB/T 41233—2022)；《绿色食品鱼糜制品》(NY/T 1327—2018)。

7.4
其他制品加工技术

7.4.1 · 脱水干制技术

干制的基本原理是去除微生物生长发育所需的水分以抑制微生物的生长，防止鱼肉变质。同时,鱼肉中的内源酶活性也因为干燥的原因被抑制活性或者失去活性,大多数生化反应速度减慢,最终达到延长货架期的目的(夏文水等,2014)。

为了防止鱼的干制品变质和腐败,从抑制腐败菌的滋生和酶的作用角度来看,干制品的水分含量越低,其品质劣化的可能性越小。在干制的过程中还需要考虑产品的质构和化学成分的不良变化,如果产品的水分含量过低,可能会引起干制品的品质过硬,产品易破碎,增大与空气的接触面积,在保存的过程中会吸取更多的水分。我国淡水鱼干制品主要为盐干品及调味干制品。

(1) 盐干品

是经过腌渍、漂洗再行干燥的制品,如腌制干鱼、原色鱼干等。盐干品加工把腌制和干制两种工艺结合起来,食盐一方面在加工和贮藏过程中起防止腐败变质的作用;另一方面能使原料脱去部分水分,有利于干燥。

(2) 调味干制品

原料经调味料搅拌和浸渍后干燥,或先将原料干燥至半干后浸调味料再干燥的制品。其特点是水分活度低、耐保藏,且风味、口感良好,可直接食用。主要制品有五香烤鱼、五香鱼脯、珍味烤鱼和鱼松等。

7.4.2 · 腌制发酵技术

腌制发酵是传统的食品加工保鲜工艺。腌制发酵水产制品是现代水产品加工中的重要环节,能够使水产品呈现特有的色泽,产生特殊的腌制风味,且具有改善水产品品质、延长货架期等作用。腌制发酵技术主要包括盐腌制品、发酵腌制品等。

(1) 食盐腌制

本法是鳙腌制的主要代表方法,过程包括盐渍和成熟两个阶段。盐渍是食盐与鱼体水分之间的扩散和渗透作用。在盐渍中,鱼肌细胞内盐分浓度与食盐溶液中盐分浓度存在浓度差,导致盐溶液中食盐不断向鱼肌内扩散和鱼肌内水分向盐溶液中渗透,最终鱼肌脱水,直至鱼肌内外盐浓度达到平衡。成熟指在鱼肌内所发生的一系列生化反应,包括:① 酶分解蛋白质产生短肽和氨基酸,非蛋白氮含量增加,风味变佳;② 嗜盐菌解脂酶分解部分脂肪产生小分子挥发性醛类物质,使得鱼体具有芳香气味;③ 鱼肌肉大量脱水,网络结构发生变化,肌肉组织收缩而变得坚韧。同时,由于脱水作用及盐分进入鱼体,鱼肌肉中游离水含量下降,导致水分活度下降。脱水将导致鱼体内细菌的质、壁分离,其正常的生理代谢活动受到抑制。此外,微生物的生长繁殖及酶的活性也会因蛋白质变性而受到抑制,使得腌制条件下的鱼制品得以长时间贮藏。

◈（2）发酵腌制品

生物发酵技术可以保持和改善鱼制品的品质、抑制腐败菌的生长。其主要利用乳酸菌将糖转化为各种酸,pH 降低,同时代谢产生细菌素等抑菌物质,抑制腐败菌和致病菌的生产繁殖。发酵还可产生乙醛及双乙酰等芳香代谢物质,使得产品具有浓郁的发酵风味。发酵过程中还可产生益生物质或采用益生菌为发酵剂,利用酶作用分解蛋白质、脂肪和糖类,提高发酵鱼制品的消化吸收性能和营养价值。

7.4.3 · 罐藏加工技术

鱼肉罐头的加工原理是将初加工的水产品加入罐头容器内,然后经过排气、密封,再经过杀菌处理,使鱼肉中的大部分微生物被杀死、酶的活性受到破坏;同时,通过排气、密封,防止外界的污染和空气氧化,从而使鱼肉获得较长的货架期。

◈（1）剁椒鳡鱼头软罐头

① 工艺流程:鱼头→刮鳞→去鳃→清洗→腌制→调味→装袋→封口→蒸制→冷却→检验→成品。

② 操作要点:主要有以下几点。

原料选择:鳡鱼头的选择标准为重量(800±100)g,鲜活或冰鲜贮藏时间 1 天内。

原料加工:去鱼鳞,去鳃,清洗去杂质。

腌制:准备腌制调料,按要求进行腌制。依次将经过预加工处理的鱼头放入腌料盆中,将腌料均匀涂抹在鱼头表面。将鱼鳃两边掰开,用手将腌料均匀涂抹在鱼头内部。

调味装袋:将调味品和腌制好的鱼头一起装入蒸煮袋,封口。

蒸制:蒸箱预热后放入剁椒鱼头进行蒸制。

排气及密封:热排气时罐头中心温度应达 80℃以上,抽气密封的真空度为 0.046~0.053 MPa。

杀菌、冷却:应在 115~121℃下杀菌。冷却后即为成品。

③ 质量指标及参考标准:主要从感官指标、微生物指标、操作规范和产量质量参考指标进行评价。

感官指标:肉色正常;滋味、气味无异常;鱼肉组织紧密,不松散,不干硬,将鱼肉从罐内取出时不碎散。

微生物指标：符合罐头食品商业无菌要求。

操作规范参考标准：《食品安全管理体系　水产品加工企业要求》（GB/T 27304—2008）;《出口水产品质量安全控制规范》（GB/Z 21702—2008）。

产品质量参考标准：《食品安全国家标准　罐头食品》（GB 7098—2015）;《绿色食品鱼罐头》（NY/T 1328—2018）。

（2）鱼软罐头

① 工艺流程：原料处理→漂洗+脱腥→清洗、沥水→油炸→调味→称量装袋→包装→杀菌→冷却→成品。

② 操作要点：主要有以下几点。

原料选择：将新鲜鱼用清水洗净,去鳞、去头尾、去鳍、剖腹去内脏,洗净腹腔内的黑膜及血污,切成鱼块,去除突出的骨刺等。在每个鱼块的横切面上打花刀,使其呈花瓣状。

漂洗：用清水将鱼块漂洗干净。

脱腥：将经过漂洗的鱼块浸泡于盐溶液中进行脱腥处理。

清洗、沥水：脱腥后的鱼块用清洁的水洗净,然后沥除水分。

油炸：将沥干水分的鱼块放入油中炸至鱼块表面呈金黄色时即可捞起沥油。

调味：将油炸好的鱼块趁热浸入调味液中,取出沥干。

称重装袋：称取浸泡好的鱼块,装入复合袋内,立即封口。

杀菌：蒸煮袋封口后,尽快杀菌,间隔时间不得超过 0.5 h。杀菌温度 121.1℃。

冷却：杀菌后冷却至 37℃ 以下,小心取出。擦干袋外水分,袋必须平整码放,不得折损。

③ 质量指标及参考标准：主要从以下几方面进行评价。

感官指标：肉色正常;滋味、气味无异常;鱼肉组织紧密,不松散,不干硬,将鱼肉从罐内取出时不碎散。

微生物指标：符合罐头食品商业无菌要求。

操作规范参考标准：《食品安全管理体系 水产品加工企业要求》（GB/T 27304—2008）;《出口水产品质量安全控制规范》（GB/Z 21702—2008）。

产品质量参考标准：《食品安全国家标准 罐头食品》（GB 7098—2015）;《绿色食品鱼罐头》（NY/T 1328—2018）。

7.4.4 · 副产物利用技术

在鱼类的消费和加工过程中会产生大量的鱼鳞、鱼内脏、鱼皮、鱼骨等副产物。这些副产物占鱼体总量的50%以上(表7-4),同时含有大量的蛋白质、油脂、多糖等营养物质(陈康妮和罗永康,2019)。如何有效地开发利用加工副产物是淡水鱼产业需要解决的主要问题之一。

表7-4·鳙体各部分的组成比例(%)(以湿基计)

鱼体(%)			鱼内脏(%)	鱼鳞(%)	鱼头(%)
鱼 肉	鱼 骨	鱼 皮			
41.32±2.79	7.40±0.53	2.92±0.24	6.34±0.13	2.05±0.23	33.37±2.23

数据来源:中国农业大学水产品加工实验室。

(1) 鱼鳞

鱼鳞中粗蛋白的含量为20%~27%,鱼鳞中的蛋白质主要以胶原蛋白为主,还存在一些特有的鱼鳞硬蛋白及少量角质蛋白。鳙鳞中的灰分含量较高,骨质层的羟基磷灰石是灰分的主要来源。通常无机物含量高的鱼鳞会相对柔软一些。鱼鳞中的钙、铁和锌含量较高。以鱼鳞为原料可以开发的产品主要有鱼鳞胶原蛋白、鱼鳞胶原蛋白肽、鱼鳞羟基磷灰石等产品。

(2) 鱼皮

在鱼皮类食品加工方面,中医理论认为:鱼皮味甘咸,性平,具有滋补的功效。鱼皮含有丰富的蛋白质和多种微量元素,其蛋白质主要是大分子的胶原蛋白及黏多糖的成分,是女士养颜护肤美容保健佳品。近年来,以鱼皮为主的休闲食品及菜肴逐渐进入大众的视野,如凉拌鱼皮、葱爆鱼皮、豆豉炒鱼皮和泡椒鱼皮等,都备受广大消费者喜爱。

鳙鱼皮还可用来制备胶原蛋白及胶原蛋白肽。鱼皮胶原蛋白含量高,杂蛋白含量低,一般经过一次纯化即可得到纯度较高的制品,是提取胶原蛋白的理想原料。鱼皮胶原蛋白除酸提取法外,还有碱提取法、酶提取法和热水浸提法。这些方法的原理都是根据胶原蛋白的特性,改变其所处环境,将胶原蛋白从粗蛋白中分离。由于胶原蛋白和明胶的分子量较大,导致生物体吸收缓慢,而利用酶法将其水解成分子量较小的生物活性肽,可减小人体肠胃消化吸收的负荷,利于发挥其效应。利用鱼皮酶解得到的酶解液可用作功能性食品,已有研究表明,鱼皮蛋白水解产物液具有抗氧化、降血压和降胆固醇等功效。还可将鱼皮酶解后得到的肽作为可食性涂膜,应用于鱼体保鲜领域。

(3) 鱼骨

鳙中骨骼比重较高,骨刺细小,常被废弃或者加工成附加值较低的产品。鱼骨中含有丰富的钙、磷和蛋白质等营养成分,作鱼骨食品主要是提取鱼骨中的胶原蛋白和利用其中易于被人体吸收的磷及其他微量元素,以满足人体对钙、磷及其他微量元素的需求。中国农业大学食品科学与营养工程学院水产品加工研究室就利用鱼骨开发了多种蛋白补钙制剂鱼骨多肽钙粉。鱼骨可直接制作成骨泥,再与其他调料以一定比例混合制备成复合调味品。与鱼鳞中的胶原蛋白相同,从鱼骨中提取的胶原蛋白也可以作为肉品改良剂、饮料澄清剂等食品添加剂应用于食品业。从鱼骨中提取的软骨素可开发为保健品,同时,活化后的鱼骨钙粉可开发为片状、粉状和液体饮料等补钙产品投放市场。

(4) 鱼内脏

鱼的内脏包括鱼肝、鱼肠、鱼鳔、鱼胆和生殖腺等,占鳙全重的 6%~18%,蛋白质和脂肪含量丰富。目前,鱼内脏主要用于加工鱼粉、鱼蛋白饲料、鱼油,以及制作蛋白精、发酵鱼露等。

鱼内脏中提取的鱼油有着较高的营养价值和医疗保健作用。鱼油中含有一定量的多不饱和脂肪酸(DHA、EPA)。鱼油的提取方法主要有蒸煮法、淡碱水解法、酶法提取法和超临界流体萃取法等。

鱼鳔又名鱼肚、鱼胶、白花胶,干品中蛋白质含量高达 80% 左右,脂肪含量较少,富有高级胶原蛋白,并富含多种矿物质,是理想的高蛋白低脂肪食物。到目前为止,关于鱼鳔的相关加工技术还处于较为初级的阶段。

7.5

品质分析与质量安全控制

鳙的品质质量检验主要分为感官检验、理化检验和微生物检验 3 种,其中感官检验在淡水鱼原料品质评价过程中起重要作用(李燕等,2020)。

7.5.1 · 品质评价

（1）感官检验

淡水鱼的感官检验包括体表、眼睛、肌肉、鳃和腹部等部位的评定。常用的有质量指数法（quality index method, QIM），评价标准详见表7-5。分值高，代表原料鱼质量好；分值低，代表原料鱼质量差。

表7-5 鲟感官评价标准

项 目		质量指数法（QIM）			
		3	2	1	0
	体表	很明亮	明亮	轻微发暗	发暗
	皮	结实而有弹性	柔软	—	—
	黏液	无	很少	有	很多
	透明度	清澈明亮	欠明亮	不明亮	—
眼睛	外形	正常	略凹陷	凹陷	—
	虹膜	可见	隐约可见	不可见	—
	血丝	无	轻微	有	—
	腹部颜色	亮白色	轻微发黄	黄色	深黄色
	肛门气味	新鲜	适中	鱼腥味	腐败味

（2）理化检验

评价原料鱼质量的理化检验指标主要包括 pH、挥发性盐基氮、脂肪氧化、K值、生物胺等。

pH 会随着鱼体死后的肌肉变化过程而变化，贮藏初期由于糖原酵解产生乳酸、ATP 和磷酸肌酸等物质，这些物质会分解产生磷酸等酸性物质，导致 pH 在僵硬期下降。伴随贮藏时间的延长，由于细菌的作用，鱼肉中蛋白质被分解，进入自溶腐败阶段，产生碱性物质，pH 会逐渐升高，最高可达 8.0。pH 测定一般采用酸度计法。

挥发性盐基氮（TVB-N）是鱼体在细菌和酶的作用下分解产生的氨及低级胺类，可作为鲜度指标。一级鲜度淡水鱼为 TVB-N≤13 mg/100 g，二级鲜度淡水鱼为 TVB-N≤

20 mg/100 g。挥发性盐基氮的测定方法有半微量定氮法、自动凯氏定氮仪法和微量扩散法(GB 5009.228—2016)。

K值是反映鱼体初期新鲜度变化及与品质风味有关的生化质量指标,又称鲜活质量指标。一般采用 K 值≤20%作为优良鲜度指标,K 值≤60%作为加工原料的鲜度指标。测定方法主要有高效液相色谱、柱层析及应用固相酶或简易检测试纸等测定方法。

(3) 微生物检验

微生物是鱼类检测中的重要项目,主要目的是检测鱼被污染的细菌数量以及是否含有致病细菌,以便对鱼进行卫生学评价,确保消费者的食用安全。鱼的腐败多与细菌有着密切的联系,菌落总数可表示鱼的新鲜程度或腐败状况。菌落总数是指水产品样品经过处理,在一定条件下培养后所得 1 g(或 1 ml)样品中所含细菌的菌落总数。菌落总数的计算采用平板菌落计数法(GB 4789.2—2016)。

7.5.2 · 水产原料及产品成分检测

水产原料及其产品中的主要成分是水分、蛋白质、脂肪和灰分。

水分含量的测定适合采用直接干燥法(GB 5009.3—2016),是指在 101~105℃的温度条件下,直接进行干燥处理,记录所失去物质的总量。

蛋白质含量的测定采用凯氏定氮法。

脂肪含量的测定一般采用脉冲核磁共振法测定固体脂肪含量(GB/T 37517—2019)。

灰分的测定是将样品置于石英坩埚或瓷坩埚,放置在马弗炉中,于(550±25)℃下灼烧 0.5 h,冷却至 200℃以下后,放入干燥器中冷却至室温,准确称量,并重复灼烧至恒重(GB 5009.4—2016)。

7.5.3 · 鱼类品质预测技术及安全控制

水产品的安全卫生对消费者的健康有着重要的影响。针对原料鱼或产品的食品货架期模型预测及安全控制方法的研究,FAO/WHO 的食品法典委员会(CAC)制定的"食品法典",在食品贸易中具有准绳的作用。CAC 制定的"食品卫生通则"(CAC/RCP1—1969,REV1997)及其附件"HACCP 体系及应用准则"推荐了食品安全卫生控制的体系,目前已被世界各国广泛采用。

(1) 品质预测模型

当水产品从工厂生产、包装后,经过运输到仓库或零售商,最后到达消费者的整个过

程中,相对于湿度、包装内的气体分压、光和机械力等因素,温度对食品质量损失的影响
是最大的。Arrhenius 关系式阐述了食品的腐败变质速率与温度的关系。

$$k = k_0 \exp\ (-E_A/RT)$$

式中,k_0 为前因子;E_A 为活化能;T 为绝对温度;R 为气体常数,8.314 J/(mol·K)。k_0 和
E_A 都是与反应系统物质本性有关的经验常数。

对上述公式取对数可得:

$$\ln k = \ln k_0 - \frac{E_A}{R_T}$$

基于上述公式,可求得不同温度下的速率常数,用 $\ln k$ 对热力学温度的倒数($1/T$)作
图可得一条斜率为 E_A/R 的直线。

Arrhenius 关系式的主要价值在于可以在高温($1/T$)下借助货架期加速试验获得数
据,然后用外推法求得在较低温度下的货架寿命。

(2) HACCP 在产品加工过程中的应用

HACCP(hazard analysis critical control point)即危害分析关键控制点,是一种简便、合
理、专业性较强的食品安全质量控制体系。目的是为了保证食品生产系统中任何可能出
现危害或有危害危险的地方得到控制,以防止危害公众健康的问题发生。

HACCP 在鲥及其产品加工方面的应用主要包括水产品原料(活的水产动物)生产中
的危害及控制、鲜鱼捕捞与贮运中的危害与控制、水产品加工中的危害与控制。

(撰稿:洪惠、罗永康)

参考文献

［1］包振民,王师,焦文倩,等.一种高通量、多种类型分子标记通用的分型技术［P］.山东省：CN104830993B,2017－08－18.

［2］蔡珊珊.基于分子标记的三疣梭子蟹和中国对虾增殖放流效果研究［D］.青岛：中国海洋大学,2015.

［3］陈乘.鱼类多倍体育种的研究进展［J］.渔业致富指南,2014(10)：18－21.

［4］陈康妮,罗永康.鳙鱼吃个明白［J］.科学养鱼,2019(11)：74－75.

［5］陈少莲.东湖放养鲢、鳙种的食性分析［J］.水库渔业,1982(3)：21－26.

［6］陈松林,刘洋,刘峰,等.一种基于全基因组选择的鱼类抗病良种培育方法［P］.山东省：CN106480189B,2018－11－09.

［7］单淇,董仕,吴海防,等.3个群体鳙鱼 mtDNA D－loop 区段的限制性片段长度多态性分析［J］.中国水产科学,2006(2)：174－180.

［8］邓务国.物种遗传多态性研究方法的发展［J］.生物学通报,1994(1)：7－9.

［9］邓宗觉.评价《长江、珠江、黑龙江鲢、鳙、草鱼种质资源研究》［J］.水产学报,1992(2)：178.

［10］董在杰.“福瑞鲤2号”新品种育种技术［J］.科学养鱼,2018(4)：9－10.

［11］杜玉梅,左正宏.基因功能研究方法的新进展［J］.生命科学,2008(4)：589－592.

［12］范武江.两种不同体色鳙鱼群体生物学及遗传差异研究［D］.长沙：湖南农业大学,2007.

［13］范兆廷,寮苏祥.鱼类的雌核发育、雄核发育和杂种发育［J］.水产学报,1993,17(2)：179－186.

［14］范兆廷.水产动物育种学［M］.北京：中国农业出版社,2005.

［15］方敏.微卫星标记在鳙群体遗传、亲子鉴定及关联分析中的应用［D］.南京：南京农业大学,2019.

［16］冯晓婷,张桂宁,薛向平,等.基于 SSR 标记的长江下游原良种场鳙亲本和后备亲本种质资源现状分析［J］.中国水产科学,2020,27(5)：589－597.

［17］高光明,熊衍迪.鳙的价值与养殖［J］.养殖与饲料,2012(9)：70－72.

［18］高一凡,俞小牧,桂建芳,等.鳙 bmi1b 基因单核苷酸多态性及其与生长和体型性状的关联性［J］.中国水产科学,2022,29(4)：503－514.

［19］桂萍,罗永康,冯力更.加热温度对混合肉肌原纤维蛋白质结构的影响［J］.中国农业大学学报,2018,23(5)：93－101.

[20] 郭诗照.草鱼与鳙及其杂交子一代的形态、生长和遗传分析[D].上海:上海海洋大学,2011.

[21] 郝君,杨蔷,梁爱军,等.6种鱼 mtDNA D-loop 及其邻近区段的序列比较分析[J].大连海洋大学学报,2013, 28(2):160-165.

[22] 胡保同.滤食性鱼类摄食机制问题[J].水产科技情报,1983(6):5-7.

[23] 胡银茂.遗传改良在水产养殖上的应用[J].宁波教育学院学报,2006(2):43-46.

[24] 黄安翔,黎显明.浅谈鳙养殖技术[J].农村经济与科技,2011,22(12):33+32.

[25] 黄明,唐宗宁,王颜权,等.鳙养殖前景及技术探讨[J].河北渔业,2013(6):51-54.

[26] 吉中力.淡水环境中饲料不同的钙和磷水平对花鲈(*Lateolabrax japonicus*)钙磷吸收和沉积的影响[D].厦门: 集美大学,2016.

[27] 江星,陈立侨,孙盛明,等.中华绒螯蟹对10种常见饲料蛋白源的表观消化率[J].海洋渔业,2013,35(2): 209-216.

[28] 姜建国,姚汝华.青草鲢鳙四种鱼同工酶的比较研究[J].遗传,1998(2):19-26.

[29] 姜再胜.虹鳟生长和 IHN 抗病力的遗传参数估计及生长性状相关分子标记开发及应用[D].上海:上海海洋大学,2014.

[30] 类延菊,徐文思,杨品红,等.饲料不同脂肪源对鳙鱼生长性能及肉品质的影响[J].动物营养学报,2022, 34(11):7317-7331.

[31] 冷向军.水产膨化饲料应用中的几个问题[J].饲料工业,2014,35(8)1-5.

[32] 黎火金.合浦珠母贝选育家系的生长性能与 BLUP 遗传评定[D].上海:上海海洋大学,2013.

[33] 李思发.长江重要鱼类生物多样性和保护研究[M].上海:上海科学技术出版社,2001.

[34] 李思发,吕国庆,L.贝纳切兹.长江中下游鲢鳙草青四大家鱼线粒体 DNA 多样性分析[J].动物学报,1998(1): 83-94.

[35] 李思发,王强,陈永乐.长江、珠江、黑龙江三水系的鲢、鳙、草鱼原种种群的生化遗传结构与变异[J].水产学报, 1986(4):351-372.

[36] 李思发,周碧云,倪重匡,等.长江、珠江、黑龙江鲢、鳙和草鱼原种种群形态差异[J].动物学报,1989(4): 390-398.

[37] 李学军,胡灿灿,王磊,等.鱼类家系选育的研究进展[J].水产科学,2016,35(1):81-86.

[38] 李学梅,朱永久,王旭歌,等.稳定同位素技术分析不同养殖方式下鳙饵料的贡献率[J].中国水产科学,2017, 24(2):278-283.

[39] 李燕,刘晓畅,庄帅,等.大宗淡水鱼质量安全风险分析[J].中国渔业质量与标准,2020,10(3):1-12.

[40] 廖梅杰.鲢、鳙鱼遗传连锁图谱构建和鳙鱼蛋白感染因子基因的克隆[D].青岛:中国海洋大学,2007.

[41] 廖亚明,刘金炉,汤学林.浅析"四大家鱼"性状退化的原因及重视种质保护的建议[J].水产科技情报,1994(2): 62-63.

[42] 刘恩生,鲍传和,曹萍,等.太湖鲢、鳙的食物组成及渔获量变化原因分析[J].水利渔业,2007(4):72-74.

[43] 刘家驹,孙建国.鳙生物饲料的开发与应用[J].科学养鱼,2012(7):73-74.

[44] 刘健康,何碧梧.中国淡水鱼类养殖学[M].北京:科学出版社,1992.

[45] 刘乐和,吴国犀,曹维孝,等.葛洲坝水利枢纽兴建后对青、草、鲢、鳙繁殖生态效应的研究[J].水生生物学报, 1986(4):353-364.

[46] 刘晓畅.鳙鱼肉冷藏条件下特定腐败菌的致腐机制及控制研究[D].北京:中国农业大学,2020.

[47] 刘雄伟,付起鹏.水产膨化饲料沉浮性的控制[J].渔业现代化,2007(2):45-46.

[48] 刘月月,洪惠,李大鹏,等.鳙各部位成分组成及营养功能评价[J].科学养鱼,2020(11):73-74.

[49] 楼允东.鱼类育种学[M].上海：上海百家出版社,1999.

[50] 鲁翠云,匡友谊,郑先虎,等.水产动物分子标记辅助育种研究进展[J].水产学报,2019,43(1)：36-53.

[51] 鲁翠云,孙效文,梁利群.鳙鱼微卫星分子标记的筛选[J].中国水产科学,2005(2)：192-196.

[52] 罗刚,张振东.我国水生生物增殖放流存在的问题及对策建议[J].中国水产,2015(3)：32-34.

[53] 马爱军,王新安,黄智慧,等.大菱鲆(*Scophthalmus maximus*)家系选育F$_2$早期选择反应和现实遗传力估计[J].海洋与湖沼,2012,43(1)：57-61.

[54] 马晓林.洞头海域大黄鱼增殖放流及其效果初步评价[D].舟山：浙江海洋大学,2016.

[55] 门正明,韩建林.动物细胞遗传学研究现状及其应用[J].甘肃农业大学学报,1993(4)：317-322.

[56] 米海峰,文远红,戈贤平,等.珠三角地区鳙鱼(大头)养殖现状与发展趋势[J].科学养鱼,2016(10)：82-84.

[57] 缪凌鸿,高启平,帅柯,等.鳙鱼人工配合饲料养殖方式探索[J].科学养鱼,2015(1)：67-68.

[58] 缪凌鸿,戈贤平,高启平,等.不同体型鳙幼鱼营养成分与品质的比较[J].江苏农业科学,2016,44(4)：334-338.

[59] 缪凌鸿,米海峰,林艳,等.鳙配合饲料投喂频率的研究[J].科学养鱼,2017(6)：24-26.

[60] 倪达书,蒋燮治.花鲢和白鲢的食料问题[J].动物学报,1954,6(1)：59-72.

[61] 牛艳东.鳙鱼(*Hypophthalmichthys nobilis*)促性腺激素基因的克隆、表达和序列分析[D].湖南师范大学,2009.

[62] 农业农村部渔业渔政管理局,全国水产技术推广总站.2021中国渔业统计年鉴[M].北京：中国农业出版社,2021.

[63] 农业农村部渔业渔政管理局.中国渔业统计年鉴[M].北京：中国农业出版社,2022.

[64] 潘金培.鱼病诊断与防治手册[M].上海：上海科学技术出版社,1988.

[65] 曲木,张宝龙,赵子续,等.雌核发育在水产养殖业的应用[J].农业开发与装备,2019(11)：60-61+59.

[66] 全国水产技术推广总站.2022水产新品种推广指南.北京：中国农业出版社,2022.

[67] 沙航,罗相忠,邹桂伟,等.长江中游鳙群体的微卫星遗传多样性分析[J].淡水渔业,2020,50(4)：12-17.

[68] 射阳海辰生物科技有限公司.一种鳙鱼饲料：中国,201310478572.6[P/OL].2013-10-14[2022-8-10].

[69] 申屠基康.大黄鱼对21种饲料原料表观消化率及色氨酸营养需要研究[D].青岛：中国海洋大学,2010.

[70] 施培松.匙吻鲟和鳙的生长、肌肉品质比较及FAS基因克隆与表达[D].武汉：华中农业大学,2013.

[71] 邹小乔.一种鳙鱼饲料配方[P].湖南省：CN110720571A,2020-01-24.

[72] 宋咏.三峡库区水域牧场放养与池塘养殖鲢鳙肌肉品质和消化酶活力以及形态的比较研究[D].重庆：西南大学,2014.

[73] 孙瑞健.饲料蛋白质、脂肪水平与投喂频率对大黄鱼幼鱼生长和饲料利用的影响[D].青岛：中国海洋大学,2012.

[74] 孙盛明,戈贤平,苏艳莉,等.池塘投喂膨化饲料主养模式对鳙形体指标、肌肉营养成分和品质特性的影响[J].动物营养学报,2020,32(5)：2379-2386.

[75] 孙效文.鱼类分子育种学[M].北京：海洋出版社,2010.

[76] 孙远东,谭丽军,唐新科,等.鱼类人工多倍体育种的研究进展[J].现代生物医学进展,2008,8(9)：1778-1779+1788.

[77] 谭新,俞小牧,童金苟.鳙GH基因单核苷酸多态性及其与生长性状相关性研究[C].2009年中国水产学会学术年会论文摘要集,2009：89.

[78] 雷永,龚凯惠,贾丽艳,等.一种适用于鳙鱼食用的膨化配合饲料及其制备方法[P].天津市：CN102318783B,2013-04-03.

[79] 田永胜,徐田军,陈松林,等.三个牙鲆育种群体亲本效应及遗传参数估计[J].海洋学报(中文版),2009,31(6)：

119－128.

[80] 童金苟,孙效文.鱼类经济性状遗传解析及分子育种应用研究[J].中国科学:生命科学,2014,44(12):1262－1271.

[81] 汪建国.鱼病学[M].北京:中国农业出版社,2013.

[82] 王辅臣.鲂的慢沉性饲料加工工艺及其对蛋白质适宜需要量的研究[D].武汉:武汉工业学院,2012.

[83] 王桂堂,李文祥,邹红,等.淡水鱼类重要寄生虫病诊断手册[M].北京:科学出版社,2017.

[84] 王继隆,刘伟,唐富江,等.五大连池鲂的生长分析[J].动物学杂志,2016,51(4):543－551.

[85] 王军.鲢鳙相关形态性状数量性状定位分析[D].青岛:中国海洋大学,2013.

[86] 王武.鱼类增养殖学[M].北京:中国农业出版社,2000.

[87] 王兴勇,郭军.国内外鱼道研究与建设[J].中国水利水电科学研究院学报,2005(3):222－228.

[88] 王延晖.鱼类人工多倍体育种及其在水产养殖中的应用[J].河南水产,2017(6):3－5.

[89] 王燕.不同饲料脂肪水平对鲂生长及体组成的影响[D].武汉:武汉轻工大学,2016.

[90] 王志勇,董林松,肖世俊.一种确定最佳 SNP 数量及其通过筛选标记对大黄鱼生产性能进行基因组选择育种的方法[P].福建省:CN107338321B,2020－05－19.

[91] 韦信键,刘贤德,王志勇.32 个大黄鱼家系早期阶段生长性状比较及遗传参数估计[J].集美大学学报(自然科学版),2013,18(5):321－328.

[92] 魏宪芸,顾静,张名全,等.上海市江心水库鲢、鳙年龄结构及生长特性[J].上海海洋大学学报,2019,28(1):49－57.

[93] 魏逸峰,陈金涛,宋正星,等.发酵饲料对鲂鱼生长及体成分的影响[J].科学养鱼,2021(8):68－70.

[94] 吴清江,桂建芳.鱼类遗传育种工程[M].上海:上海科学技术出版社,1999.

[95] 吴仲庆.水产生物遗传育种学[M].厦门:厦门大学出版社,1991.

[96] 武汉科洋生物工程有限公司技术部.鲂的营养需要[J].科学养鱼,2005(1):79－79.

[97] 夏德全,杨弘,吴婷婷,等.天鹅洲通江型长江故道"四大家鱼"种群遗传结构研究[J].中国水产科学,1996(4):12－19.

[98] 夏文水,罗永康,熊善柏,等.大宗淡水鱼贮运保鲜与加工技术[M].北京:中国农业出版社,2014.

[99] 萧培珍,叶元土,蔡春芳,等.日粮铁补充量对异育银鲫器官组织中铁元素含量的影响及其相关性的研究[J].饲料广角,2009(6):26－29.

[100] 肖武汉,张亚平.鱼类线粒体 DNA 的遗传与进化[J].水生生物学报,2000(4):384－391.

[101] 谢从新.池养鲢、鳙鱼摄食习性的研究[J].华中农业大学学报,1989(4):385－394.

[102] 许德高,李学梅,朱永久,等.不同投喂方式对鲂形态特征的影响[J].水产学报,2016,40(6):873－881.

[103] 许玉清,花年青.鲂养殖经验谈[J].科学养鱼,2010(1):18－19.

[104] 严斌,彭亮跃,谢伟民,等.新型湘云金鲂遗传多样性的 RAPD 及微卫星分析[J].激光生物学报,2011,20(1):54－60+73.

[105] 严斌.新型红鲂生物学特征及其遗传多样性研究[D].长沙:湖南师范大学,2010.

[106] 严骏骢,赵金良,李思发,等.鲂中国土著群体与移居群体遗传变异的 AFLP 分析[J].中国水产科学,2011,18(2):283－289.

[107] 颜庆云,余育和,张堂林,等.滤食性鲢、鳙肠含物 PCR－DGGE 指纹分析[J].水产学报,2009,33(6):972－979.

[108] 杨华,张建斌,吴晓.冰温贮藏对鲢、草、鲂鱼糜制品品质的影响[J].食品科学,2016,37(12):273－278.

[109] 杨琴玲,李思发,徐嘉伟,等.鲂的线粒体基因组核苷酸全序列分析(英文)[J].生物技术通报,2009(2):

112 - 117.

[110] 杨泽明,熊远著,喻传洲.影响猪遗传评估效果的主要因素研究[J].华中农业大学学报,2001(6):598 - 602.

[111] 于飞,张庆文,孔杰,等.大菱鲆不同进口群体杂交后代的早期生长差异[J].水产学报,2008(1):58 - 64.

[112] 于红霞,唐文乔,李思发.长江鲢、鳙个体发育过程中的表型变化(英文)[J].动物学研究,2010,31(2):169 - 176.

[113] 余含,戈贤平,孙盛明,等.膨化饲料中蛋白水平对大规格鳙生长、消化酶活性和抗氧化能力的影响[J].南京农业大学学报,2019,42(6):1158 - 1166.

[114] 余含,戈贤平,孙盛明,等.鳙鱼对10种蛋白质饲料原料中营养物质的表观消化率[J].动物营养学报,2017,29(4):1427 - 1436.

[115] 岳茂国,潘顺林,李旭光.微粒饲料对鳙繁育的影响[J].水利渔业,2001(1):35.

[116] 昝瑞光,宋峥.鲤、鲫、鲢、鳙染色体组型的分析比较[J].遗传学报,1980(1):72 - 77+109 - 111.

[117] 张丹,傅建军,张利德,等.鳙基于10个微卫星标记的亲子鉴定分析[J].基因组学与应用生物学,2019,38(7):2949 - 2957.

[118] 张德春.鳙鱼人工繁殖群体遗传多样性的研究[J].三峡大学学报(自然科学版),2002(4):379 - 381.

[119] 张建社.鳙鱼卵子成熟过程的细胞学研究[J].湖南师范大学自然科学学报,1987(4):75 - 84.

[120] 张剑英,邱兆祉,丁雪娟,等.鱼类寄生虫与寄生虫病[M].北京:科学出版社,1999.

[121] 张金洲,项智锋,李学斌,等.利用RAPD指纹分析技术分析三种鲤科鱼群体的遗传变异[J].生命科学仪器,2008(5):58 - 60.

[122] 张立楠,杨官品,邹桂伟,等.鲢鳙杂种亲本连锁图标记加密和共线性比较[J].中国水产科学,2011,18(2):256 - 266.

[123] 张敏莹,刘凯,徐东坡,等.长江下游鳙放流群体和天然捕捞群体遗传多样性的微卫星分析[J].江西农业大学学报,2013,35(3):579 - 586.

[124] 张庆,牛建明,王秀梅.生物多样性与生态系统功能关系研究进展[J].生物学通报,2009,44(1):15 - 17.

[125] 张士罡,李为学.慢沉性饲料养鱼可节料[J].齐鲁渔业,2009,26(2):47.

[126] 张天时,王清印,朱泽闻,等.水产养殖品种和育种技术评价方法的研究[J].农业科技管理,2019,38(6):10 - 14.

[127] 张锡元,张德春,杨代淑,等.长江鲢遗传多样性的随机扩增多态DNA分析[J].水产学报,1999(S1):7 - 14.

[128] 赵国庆,邱盛尧,张玉钦,等.山东半岛南部三疣梭子蟹增殖放流群体贡献率[J].水产科学,2018,37(5):591 - 598.

[129] 赵金良,李思发.长江中下游鲢、鳙、草鱼、青鱼种群分化的同工酶分析[J].水产学报,1996(2):104 - 110.

[130] 赵库,陈守本,郑文辉,等.利用混合饲料主养鳙试验报告[J].水产科学,1992(9):6 - 9.

[131] 周龙安,许学勤,许艳顺.贮藏温度对鲜食鳙鱼品质的影响[J].食品科技,2016,41(7):163 - 168.

[132] 朱传忠,邹桂伟,鱼类多倍体育种技术及其在水产养殖中的应用[J].淡水渔业,2004,34(3):53 - 56.

[133] 朱景广,李欣.鳙水库网箱生态养殖技术[J].河南水产,2013(1):12 - 13.

[134] 朱文彬,傅建军,王兰梅,等.鳙30日龄生长性状的遗传参数[J].水产学报,2020,44(6):1 - 11.

[135] 朱文彬.鳙群体遗传与生长性状评估及早期发育转录组分析[D].上海:上海海洋大学,2020.

[136] 朱文.黄姑鱼若干经济相关性状的全基因组关联分析[D].厦门:集美大学,2018.

[137] 邹习俊,韩雪,韩虎峰.鱼类mtDNA及其非编码区的研究概况[J].贵州畜牧兽医,2009,33(3):23 - 25.

[138] Afzal M, Rab A, Akhtar N, et al. Growth performance of bighead carp Aristichthys nobilis (Richardson) in monoculture system with and without supplementary feeding[J]. Pakistan Veterinary Journal, 2008, 28(2):

57－62.

[139] Allen Jr S K, Stanley J G. Ploidy of hybrid grass carp × bighead carp determined by flow cytometry[J]. Transactions of the American Fisheries Society, 1983, 112(3): 431－435.

[140] Beck M L, Biggers C J, Barker C J. Chromosomal and electrophoretic analyses of hybrids between grass carp and bighead carp (Pisces: Cyprinidae)[J]. Copeia, 1984(2): 337－342.

[141] Beck M L, Biggers C J. Ploidy of hybrids between grass carp and bighead carp determined by morphological analysis[J]. Transactions of the American Fisheries Society, 1983, 112(6): 808－811.

[142] Botstein D, White R L, Skolnick M, et al. Construction of a genetic linkage map in man using restriction fragment length polymorphisms[J]. American journal of human genetics, 1980, 32(3): 314.

[143] Brumfield R T, Beerli P, Nickerson D A, et al. The utility of single nucleotide polymorphisms in inferences of population history[J]. Trends in Ecology and Evolution, 2003, 18(5): 249－256.

[144] Cassani J W, Caton W E, Clark B. Morphological comparisons of diploid and triploid hybrid grass carp, *Ctenopharyngodon idella* ♀ × *Hypophthalmichthys nobilis* ♂ [J]. Journal of fish biology, 1984, 25 (3): 269－278.

[145] Conover G, Simmonds R, Whalen N. Management and control plan for bighead, black, grass, and silver carps in the United States[M]. Asian Carp Working Group, Aquatic Nuisance Species Task Force, Washington, DC, 2007, 1－223.

[146] De Silva S S, Anderson T A. Fish Nutrition in Aquaculture[M]. London: Chapman & Hall, 1995: 103－142.

[147] Dias J, Alvarez M J, Diez A, et al. Regulation of hepatic lipogenesis by dietary protein/energy in juvenile European seabass (*Dicentrarchus labrax*)[J]. Aquaculture, 1998, 161(1－4): 169－186.

[148] Duan X, Liu S, Huang M, et al. Changes in abundance of larvae of the four domestic Chinese carps in the middle reach of the Yangtze River, China, before and after closing of the Three Gorges Dam[M]//Noakes DLG, Romero A, Zhao Y, et al. Chinese Fishes. Springer: Dordrecht, 2009: 13－22.

[149] Dupont C, Armant D R, Brenner C A. Epigenetics: definition, mechanisms and clinical perspective[C]. Seminars in reproductive medicine. Thieme Medical Publishers, 2009, 27(5): 351－357.

[150] Fang M, Fu J, Zhu W, et al. Multiplex microsatellite PCR panels and their application in genetic analyses of bighead carp (*Hypophthalmichthys nobilis*) and silver carp (*H. molitrix*)[J]. Journal of Applied Ichthyology, 2020, 36(3): 342－348.

[151] Farrington H L, Edwards C E, Bartron M, et al. Phylogeography and population genetics of introduced silver carp (*Hypophthalmichthys molitrix*) and bighead carp (*H. nobilis*) in North America[J]. Biological Invasions, 2017, 19(10): 2789－2811.

[152] Feng W, Hu X Q, Wang F C, et al. Effect of dietary iron levels on growth, iron concentration in tissues, and blood concentration levels of transferrin and hepcidin in bighead carp (*Aristichthys nobilis*)[J]. Aquaculture Research, 2020, 51(3): 1113－1119.

[153] Feng X, Yu X, Pang M, et al. Molecular characterization and expression regulation of the factor－inhibiting HIF－1 (FIH－1) gene under hypoxic stress in bighead carp (*Aristichthys nobilis*)[J]. Fish physiology and biochemistry, 2019, 45(2): 657－665.

[154] Friars G W, McMillan I, Quinton V M, et al. Family differences in relative growth of diploid and triploid Atlantic salmon (*Salmo salar* L.)[J]. Aquaculture, 2001, 192(1): 23－29.

[155] Froese R, Pauly D. FishBase. Fisheries Centre, University of British Columbia, 2010.

[156] Fu B, Liu H, Yu X, et al. A high－density genetic map and growth related QTL mapping in bighead carp (*Hypophthalmichthys nobilis*)[J]. Scientific reports, 2016, 6(1): 1－10.

[157] Fu B, Yu X, Tong J, et al. Comparative transcriptomic analysis of hypothalamus－pituitary－liver axis in bighead carp (*Hypophthalmichthys nobilis*) with differential growth rate[J]. BMC genomics, 2019, 20(1): 1－8.

[158] Fu J, Zhu W, Wang L, et al. Dynamic expression and gene regulation of microRNAs during bighead carp (*Hypophthalmichthys nobilis*) early development[J]. Frontiers in Genetics, 2022, 12: 821403.

[159] Fu J, Zhu W, Wang L, et al. Dynamic transcriptome sequencing and analysis during early development in the bighead carp (*Hypophthalmichthys nobilis*)[J]. BMC genomics, 2019, 20(1): 1 - 14.

[160] Gjedrem T, Robinson N, Rye M. The importance of selective breeding in aquaculture to meet future demands for animal protein: a review[J]. Aquaculture, 2012, 350 - 353: 117 - 129.

[161] Gjedrem T. Selection and Breeding Programs in Aquaculture[M]. The Netherlands, Springer, Dordrecht, 2005.

[162] Görgényi J, Boros G, Vitál Z, et al. The role of filter-feeding Asian carps in algal dispersion [J]. PHYTOPLANKTON & SPATIAL GRADIENTS, 2016, 764, 115 - 126.

[163] Halyer J E. Fish Nutrition[M]. 2nd ed. San Diego: Academic Press, 1989: 332 - 421.

[164] Houston R D, Taggart J B, Cézard T, et al. Development and validation of a high density SNP genotyping array for Atlantic salmon (*Salmo salar*)[J]. BMC genomics, 2014, 15(1): 1 - 13.

[165] JIA S, Li Y, ZHUANG S, et al. Biochemical changes induced by dominant bacteria in chill-stored silver carp (*Hypophthalmichthys molitrix*) and GC - IMS identification of volatile organic compounds[J]. Food Microbiology, 2019, 84: 103248.

[166] Ji K, Liang H L, Mi H F, et al. Effects of Dietary Phosphorus Levels on Growth Performance, Plasma Biochemical Parameters and Relative Gene Expression of Lipogenesis of Bighead Carp, *Aristichthys nobilis* [J]. Isr J Aquacult-Bamid, IJA_69. 2017. 1451, 9.

[167] Lall S P, Lewismccrea L M. Role of nutrients in skeletal metabolism and pathology in fish - An overview[J]. Aquaculture, 2007, 267(1): 3 - 19.

[168] Lamer J T, Ruebush B C, Arbieva Z H, et al. Diagnostic SNPs reveal widespread introgressive hybridization between introduced bighead and silver carp in the Mississippi River Basin[J]. Molecular Ecology, 2015, 24(15): 3931 - 3943.

[169] Leatherland J. F. , Woo P. T. K. Fish diseases and disorders, volume 2: non-infectious disorders[M]. 2nd edition. Oxfordshire: CAB International, 2010.

[170] Liang H L, Mi H F, Ji K, et al. Effects of Dietary Calcium Levels on Growth Performance, Blood Biochemistry and Whole Body Composition in Juvenile Bighead Carp (*Aristichthys nobilis*)[J]. Turk J Fish Aquat Sc, 2018, 18: 623 - 631.

[171] Li C, Wang J, Chen J, et al. Native bighead carp *Hypophthalmichthys nobilis* and silver carp *Hypophthalmichthys molitrix* populations in the Pearl River are threatened by Yangtze River introductions as revealed by mitochondrial DNA[J]. Journal of Fish Biology, 2020, 96(3): 651 - 662.

[172] Li M, Zhang L, Hu B, et al. Dietary phosphorus requirement for juvenile bighead carp (*Aristichthys nobilis*)[J]. Aquaculture International, 2022, 30, 1675 - 1692.

[173] Li S, Yang Q, Xu J, et al. Genetic diversity and variation of mitochondrial DNA in native and introduced bighead carp[J]. Transactions of the American Fisheries Scociety, 2010, 139(4): 937 - 946.

[174] Liu H, Fu B, Pang M, et al. QTL fine mapping and identification of candidate genes for growth - related traits in bighead carp (*Hypophthalmichehys nobilis*)[J]. Aquaculture, 2016, 465: 134 - 143.

[175] Liu L, Yu X, Tong J. Molecular characterization of myostatin (MSTN) gene and association analysis with growth traits in the bighead carp (*Aristichthys nobilis*)[J]. Molecular biology reports, 2012, 39(9): 9211 - 9221.

[176] Li X M, Zhu Y J, Ringo E, et al. Intestinal microbiome and its potential functions in bighead carp (*Aristichthys nobilis*) under different feeding strategies[J]. Peer J, 2018, 6: e6000.

[177] Lovell T. Nutrition and feeding of fish[M]. Bos-ton: Kluwer Academic Publishers, 1998: 1 - 265.

[178] Luo W, Wang J, Yu X, et al. Comparative transcriptome analyses and identification of candidate genes involved in

vertebral abnormality of bighead carp *Hypophthalmichthys nobilis*［J］. Comparative Biochemistry and Physiology Part D：Genomics and Proteomics, 2020, 36：100752.

［179］Luo W, Wang J, Zhou Y, et al. Dynamic mRNA and miRNA expression of the head during early development in bighead carp (*Hypophthalmichthys nobilis*)［J］. BMC genomics, 2022, 23(1)：1 - 15.

［180］Luo W, Zhou Y, Wang J, et al. Identifying candidate genes involved in the regulation of early growth using full - length transcriptome and RNA - Seq analyses of frontal and parietal bones and vertebral bones in bighead carp (*Hypophthalmichthys nobilis*)［J］. Frontiers in genetics, 2021, 11：603454.

［181］Magee S M, Philipp D P. Biochemical genetic analyses of the grass carp ♀ × bighead carp ♂ F1 hybrid and the parental species［J］. Transactions of the American Fisheries Society, 1982, 111(5)：593 - 602.

［182］Nosova A Y, Kipen V N, Tsar A I, et al. Estimating genetic diversity of silver (*Hypophthalmichthys molitrix* Val.) and bighead (*Hypophthalmichthys nobilis* Rich.) carps grown in Aquaculture in the republic of Belarus based on polymorphism of microsatellite loci［J］. Cytology and Genetics, 2019, 53(6)：473 - 480.

［183］Opuszynski K, Shireman J V. Food habits, feeding behaviour and impact of triploid bighead carp, *Hypophthalmichthys nobilis*, in experimental ponds［J］. Journal of Fish Biology, 1993, 42(4)：517 - 530.

［184］Pang M, Tong J, Yu X, et al. Molecular cloning, expression pattern of follistatin gene and association analysis with growth traits in bighead carp (*Hypophthalmichthys nobilis*)［J］. Comparative Biochemistry and Physiology Part B：Biochemistry and Molecular Biology, 2018, 218：44 - 53.

［185］Pang M, Yu X, Zhou Y, et al. Two generations of meiotic gynogenesis significantly elevate homogeneity and confirm genetic mode of sex determination in bighead carp (*Hypophthalmichthys nobilis*)［J］. Aquaculture, 2022, 547：737461.

［186］Pinter K. Exotic fishes in Hungarian waters：their importance in fishery utilization of natural water bodies and fish farming［J］. Aquaculture Research, 1980, 11(4)：163 - 167.

［187］Ponzoni R W, Hamzah A, Tan S, et al. Genetic parameters and response to selection for live weight in the GIFT strain of Nile tilapia (*Oreochromis niloticus*)［J］. Aquaculture, 2005, 247(1 - 4)：203 - 210.

［188］Rasch E M, Darnell R M, Kallman K D, et al. Cytophotometric evidence for triploidy in hybrids of the gynogenetic fish, *Poecilia formosa*［J］. Journal of Experimental Zoology, 1965, 160(2)：155 - 169.

［189］Roberts R. Fish pathology［M］. 4th edition. Blackwell Publishing, 2012.

［190］Santiago C B, Reyes O S. Optimum dietary protein level for growth of bighead carp (*Aristichthys nobilis*) fry in a static water system［J］. Aquaculture, 1991, 93(2)：155 - 165.

［191］Sun S M, Wu Y, Yu H, et al. Serum biochemistry, liver histology and transcriptome profiling of bighead carp *Aristichthys nobilis* following different dietary protein levels. ［J］. Fish & Shellfish Immunology, 2019, 86：832 - 839.

［192］Swain D P, Foote C J. Stocks and chameleons：the use of phenotypic variation in stock identification［J］. Fisheries Research, 1999, 43(1 - 3)：113 - 128.

［193］Tan X, Li X, Lek S, et al. Annual dynamics of the abundance of fish larvae and its relationship with hydrological variation in the Pearl River［J］. Environmental Biology of Fishes, 2010, 88(3)：217 - 225.

［194］Wang J, Yang G, Zhou G. Quantitative trait loci for morphometric body measurements of the hybrids of silver carp (*Hypophthalmichthys molitrix*) and bighead carp (*H. nobilis*)［J］. Acta Biologica Hungarica, 2013, 64(2)：169 - 183.

［195］Wang X, Yu X, Tong J. Molecular characterization and growth association of two apolipoprotein A - Ib genes in common carp (*Cyprinus carpio*)［J］. International journal of molecular sciences, 2016, 17(9)：1569.

［196］Williams J G K, Kubelik A R, Livak J, et al. DNA polymorphisms amplified by arbitrary primers are useful as genetic markers［J］. Nucleic Acids Research, 1990, 18(22)：6531 - 6535.

［197］Willink P W. Bigheaded carps：a biological synopsis and environmental risk assessment［J］. Copeia, 2009(2)：

419 – 421.

［198］ Xu J, Zhao Z, Zhang X, et al. Development and evaluation of the first high – throughput SNP array for common carp (*Cyprinus carpio*)［J］. BMC genomics, 2014, 15(1)：1 – 10.

［199］ Xu P, Zhang X, Wang X, et al. Genome sequence and genetic diversity of the common carp, *Cyprinus carpio*［J］. Nature genetics, 2014, 46(11)：1212 – 1219.

［200］ ZHANG L, SHAN Y, HONG H, et al. Prevention of protein and lipid oxidation in freeze-thawed bighead carp (*Hypophthalmichthys nobilis*) fillets using silver carp (*Hypophthalmichthys molitrix*) fin hydrolysates. LWT – Food Science and Technology, 2020, 123：109050.

［201］ ZHANG L, ZHANG Y, JIA S, et al. Stunning stress-induced textural softening in silver carp (*Hypophthalmichthys molitrix*) fillets and underlying mechanisms［J］. Food Chemistry, 2019, 295(15)：520 – 529.

［202］ Zhou Y, Fu B, Yu X, et al. Genome – wide association study reveals genomic regions and candidate genes for head size and shape in bighead carp (*Hypophthalmichthys nobilis*)［J］. Aquaculture, 2021, 539：736648.

［203］ Zhu C, Sun Y, Yu X, et al. Centromere localization for bighead carp (*Aristichthys nobilis*) through half – tetrad analysis in diploid gynogenetic families［J］. PloS One, 2013, 8(12)：e82950.

［204］ Zhu C, Tong J, Yu X, et al. A second-generation genetic linkage map for bighead carp (*Aristichthys nobilis*) based on microsatellite markers［J］. Animal genetics, 2014, 45(5)：699 – 708.

［205］ Zhu C, Tong J, Yu X, et al. Comparative mapping for bighead carp (*Aristichthys nobilis*) against model and non – model fishes provides insights into the genomic evolution of cyprinids［J］. Molecular Genetics and Genomics, 2015, 290(4)：1313 – 1326.

［206］ Zhu C, Yu X, Fu B, et al. Development of 201 tri – and tetra – nucleotide repeat microsatellites for bighead carp (*Aristichthys nobilis*)［J］. Conservation Genetics Resources, 2013, 5(3)：755 – 758.

［207］ Zou S, Li S, Cai W, et al. Ploidy polymorphism and morphological variation among reciprocal hybrids by *Megalobrama amblycephala*× *Tinca tinca*［J］. Aquaculture, 2007, 270(1 – 4)：574 – 579.